Projeto

LUMIRÁ

GEOGRAFIA 3

Organizadora: Editora Ática S.A.
Obra coletiva concebida pela Editora Ática S.A.
Editora responsável: Heloisa Pimentel

Material de apoio deste volume:

- Cartonados e adesivos

editora ática

editora ática

Diretoria editorial
Lidiane Vivaldini Olo
Gerência editorial
Luiz Tonolli
Editoria de Ciências Humanas
Heloisa Pimentel
Edição
Maria Luísa Nacca
Lucas Abrami (assist.) e Mariana Renó Faria (estag.)
Gerência de produção editorial
Ricardo de Gan Braga
Arte
Andréa Dellamagna (coord. de criação),
Talita Guedes (progr. visual de capa e miolo),
Claudio Faustino (coord.),
Yong Lee Kim (editora) e
Luiza Massucato, Casa de Tipos (diagram.)
Revisão
Hélia de Jesus Gonsaga (ger.),
Rosângela Muricy (coord.),
Ana Curci, Luís Maurício Boa Nova,
Patrícia Travanca e Vanessa de Paula Santos,
Brenda Morais e Gabriela Miragaia (estagiárias)
Iconografia
Sílvio Kligin (superv.),
Denise Durand Kremer (coord.),
Denise Durand Kremer (pesquisa),
Cesar Wolf e Fernanda Crevin (tratamento de imagem)
Ilustrações
Estúdio Icarus – Criação de Imagem (capa),
Adilson Farias, Giz de Cera, Ilustra Cartoon,
Marcos Guilherme e Osni de Oliveira (miolo),
Ilustra Cartoon (Cartonados e adesivos)

Elaboração dos originais

Karina Corrales Nunes Dabarian
Licenciada em Pedagogia pela Universidade Paulista (Unip-SP)
Pós-graduada (*lato sensu*) em Psicopedagogia pela Universidade Paulista (Unip-SP)
Professora do Ensino Fundamental da rede particular de ensino de São Paulo (SP)

Carla de Garcia Mauro
Licenciada em Pedagogia pela Universidade Paulista (Unip-SP)
Professora de Educação Infantil e do Ensino Fundamental da rede particular de ensino de São Paulo (SP)

Marianka Gonçalves Santa Bárbara
Licenciada em Letras pela Universidade Federal de Campina Grande (UFCG-PB)
Mestra em Linguística Aplicada pela Pontifícia Universidade Católica de São Paulo (PUC-SP)
Professora do Cogeae-PUC-SP

Direitos desta edição cedidos à Editora Ática S.A.
Avenida das Nações Unidas, 7221, 3º andar, Setor A
Pinheiros – São Paulo – SP – CEP 05425-902
Tel.: 4003-3061
www.atica.com.br / editora@atica.com.br

Dados Internacionais de Catalogação na Publicação (CIP)
(Câmara Brasileira do Livro, SP, Brasil)

Projeto Lumirá : geografia : 2º ao 5º ano / obra coletiva da Editora Ática ; editor responsável : Heloisa Pimentel . – 2. ed. – São Paulo : Ática, 2016. – (Projeto Lumirá : geografia)

1. Geografia (Ensino fundamental) I. Pimentel, Heloisa. II. Série.

16-01315 CDD-372.891

Índice para catálogo sistemático:
1. Geografia : Ensino fundamental 372.891

2017

ISBN 978 85 08 17852 0 (AL)
ISBN 978 85 08 17853 7 (PR)

Cód. da obra CL 739149

CAE 565911 (AL) / 565912 (PR)

2ª edição
2ª impressão

Impressão e acabamento
Bercrom Gráfica e Editora

Projeto LUMIRÁ

Este é o seu livro de
Geografia do 3º ano.

Escreva aqui o seu nome:

____

____

Este livro vai ajudar você a investigar e compreender o mundo em que vivemos, utilizando muito do que você já sabe. Com ele você vai aprender sobre os elementos das diferentes paisagens, os municípios e as atividades econômicas.

Bom estudo!

Caro aluno

Você está começando seu ano escolar. Ao longo desse tempo, você vai aprender coisas novas e importantes para o seu dia a dia e para o futuro, como:

- ler e escrever, reconhecendo palavras, sons e textos;
- identificar números, operações e figuras;
- conhecer o corpo humano, os animais e a natureza;
- desvendar o lugar em que vivemos;
- entender a história das pessoas e das cidades.

O **Projeto Lumirá** vai ser seu companheiro. Nele você vai encontrar textos, atividades, jogos, ilustrações e fotografias muito interessantes. Você vai aprender, participar das descobertas e se divertir muito.

Bom estudo!

COMO É O MEU LIVRO?

Este livro tem quatro unidades, cada uma delas com três capítulos. No final, na seção **Para saber mais** há indicações de livros, vídeos e *sites* para complementar seu estudo.

ABERTURA DE UNIDADE

Você observa a imagem, responde às questões e troca ideias com os colegas e o professor sobre o que vai estudar.

CAPÍTULOS

Textos, fotografias, ilustrações e mapas vão motivar você a pensar, questionar e aprender. Há atividades para cada tema. No final do capítulo, a seção **Atividades do capítulo** traz mais exercícios para completar seu estudo.

Glossário

O glossário explica o significado de algumas palavras que talvez você não conheça.

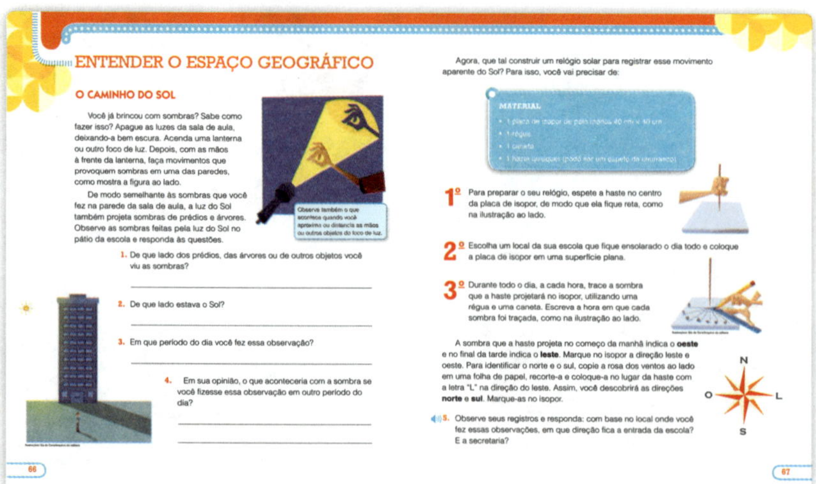

ENTENDER O ESPAÇO GEOGRÁFICO

Aqui você vai conhecer e utilizar a linguagem cartográfica.

ÍCONE

ATIVIDADE ORAL

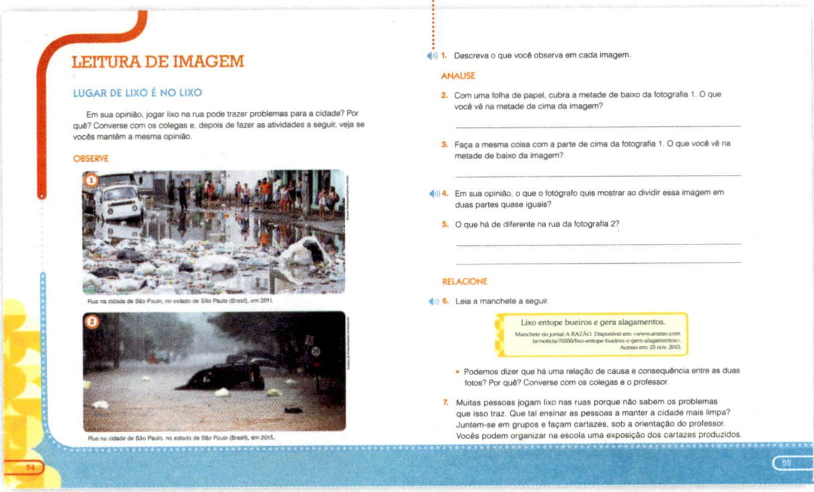

LEITURA DE IMAGEM

Aqui você vai fazer um trabalho com imagens. Elas ajudam você a refletir sobre os temas estudados: o que é parecido com seu dia a dia, o que é diferente.

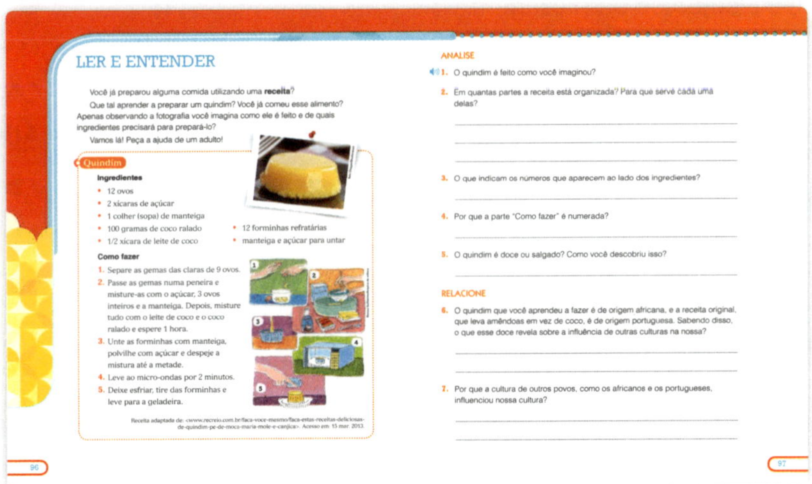

LER E ENTENDER

Nesta seção você vai ler diferentes textos. Pode ser um poema, um rótulo de produto ou uma notícia. Um roteiro de perguntas vai ajudar você a ler cada vez melhor e a relacionar o que leu aos conteúdos estudados.

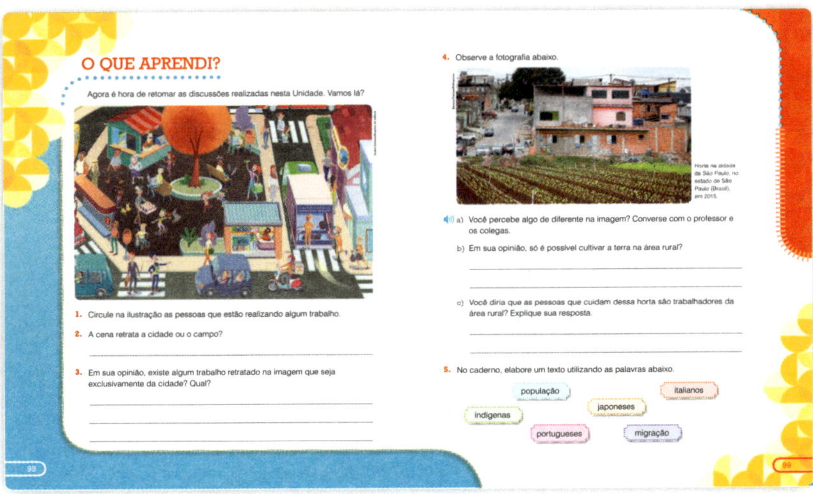

O QUE APRENDI?

Aqui você encontra atividades para pensar no que aprendeu, mostrar o que já sabe e refletir sobre o que precisa melhorar.

SUMÁRIO

Mauricio Simonetti/Pulsar Imagens

Reprodução/Artemapas Ilustrações

UNIDADE 1

Matthew Cole/Shutterstock

UNIDADE 2

Ilustra Cartoon/Arquivo da editora

Reprodução/Galeria Jacques Ardies

UNIDADE 3

UNIDADE 4

UNIDADE 1

O SER HUMANO E A PAISAGEM

- O que você observa nesta paisagem?
- Em sua opinião, ela foi sempre assim?
- Esta paisagem é semelhante à paisagem do lugar onde você mora?

Maurício Simonetti/Pulsar Imagens

Município de União da Vitória, no estado do Paraná (Brasil), em 2014.

CAPÍTULO

1 A PAISAGEM

OS ELEMENTOS DA PAISAGEM

Giz de Cera/Arquivo da editora

Para responder à pergunta da amiga, Vítor descreveu a paisagem do lugar onde mora. Você sabe o que é uma paisagem? Para os estudos em Geografia, **paisagem** é tudo aquilo que podemos ver e perceber em um determinado lugar. Ela é composta de formas, cores, cheiros e sons.

Na descrição da paisagem, Vítor citou alguns elementos, como casas, árvores, rio e pássaros. Desses elementos, alguns são criados pela natureza, e outros são criados pelo ser humano.

Nas paisagens, os elementos criados pela natureza, como os rios, as montanhas, os mares e as florestas, são chamados de **elementos naturais**. Os elementos construídos pelo ser humano, como as casas e os prédios, as plantações e as estradas, são chamados de **elementos culturais**.

Em algumas paisagens, podemos observar o predomínio de elementos naturais. Em outras, o predomínio de elementos culturais. Também há paisagens formadas tanto de elementos naturais quanto de elementos culturais, como a paisagem do lugar onde Vítor mora.

ATIVIDADES

1 Observe as imagens abaixo.

Ricardo Azoury/Pulsar Imagens

A imagem ao lado, de parte da floresta Amazônica, no município de Uiramutã, estado de Roraima (Brasil), é um exemplo de paisagem onde predominam elementos naturais. Fotografia de 2014.

Liudmila Ermolenko/Shutterstock

A imagem ao lado, da cidade de Paris, na França, é um exemplo de paisagem onde predominam os elementos culturais. Fotografia de 2015.

- Que elementos você observa nas paisagens das fotografias? Escreva em seu caderno.

2 Na paisagem que Vítor descreveu na página ao lado aparecem:

- ☐ apenas elementos naturais.
- ☐ apenas elementos culturais.
- ☐ elementos naturais e culturais.

3 Na descrição, Vítor citou um elemento da paisagem que não pode ser percebido pela visão. Qual é ele?

- ☐ O canto dos pássaros.
- ☐ A beleza do rio.
- ☐ A quantidade de árvores.

AS MUDANÇAS DA PAISAGEM

As paisagens não permanecem sempre iguais. Ao longo do tempo, elas se modificam pela ação da natureza (vento, chuva, mar, terremoto e furacão, por exemplo) e pela ação do ser humano.

O ser humano modifica as paisagens por meio do trabalho, para atender às suas necessidades.

O texto a seguir explica a transformação de uma paisagem causada pela ação do ser humano: a construção de uma usina hidrelétrica para produção de energia. Para que isso ocorra, é necessário que a água de um rio seja represada, com a construção de uma barragem, formando um grande reservatório (lago artificial).

usina hidrelétrica: conjunto de obras e de equipamentos que utilizam a força da água para gerar energia elétrica.

barragem: grande muro de concreto construído para represar as águas de um rio.

As usinas hidrelétricas e a paisagem

Na área que recebe o grande lago que serve de reservatório da hidrelétrica, a natureza se transforma: espécies de peixes desaparecem, animais fogem para refúgios secos, árvores viram madeira podre debaixo da inundação. E isso fora o impacto social: milhares de pessoas deixam suas casas e têm de recomeçar sua vida do zero num outro lugar.

Este texto foi adaptado do *site* MUNDO ESTRANHO. Disponível em: <http://mundoestranho.abril.com.br/materia/qual-o-impacto-ambiental-da-instalacao-de-uma-hidreletrica>. Acesso em: 9 nov. 2015.

Ilustra Cartoon/Arquivo da editora

Ernesto Reghran/Pulsar Imagens

Paisagem do rio Paraná, no estado do Paraná, na fronteira do Brasil com o Paraguai, depois da construção da usina hidrelétrica de Itaipu. A usina foi inaugurada em 1982. Fotografia de 2015.

ATIVIDADES

- Observe a fotografia abaixo e compare com a fotografia da página anterior. Depois responda às questões.

Paisagem do rio Paraná, no trecho onde foi construída a usina hidrelétrica de Itaipu. Fotografia de 1973.

a) Por que uma usina hidrelétrica é construída?

____

____

b) A construção da usina hidrelétrica de Itaipu modificou a paisagem? Por quê?

____

____

c) Em sua opinião, a construção da usina hidrelétrica de Itaipu causou danos à natureza?

ATIVIDADES DO CAPÍTULO

1. Observe as imagens e complete as legendas com as palavras: culturais naturais

Andre Dib/Pulsar Imagens

Colheita de soja no município de Cascavel, no estado do Paraná (Brasil), em 2015. Na paisagem acima predominam os elementos

______________________.

Liu Ziming/Xinhua Press/Corbis/Latinstock

Monte Everest, na fronteira da China com o Nepal, em 2015. Na paisagem acima predominam os elementos

______________________.

2. Leia abaixo a letra da canção, do artista Zé Zuca.

A janela

Abrindo a minha janela
Eu vejo a vida, vejo as coisas
Como se fossem uma pintura
Desenhada em aquarela.

Vejo o cachorro da vizinha
Eu vejo o pátio da escola
Onde os meninos jogam bola
E por trás dos edifícios
Eu vejo a Lua e o Sol se esconder.
[...]

Esta canção faz parte do CD **O melhor de Zé Zuca** (CD). Gravadora Sony Music, 2004. Disponível em: <www.zezuca.com.br/audio/05_ajanela.txt>. Acesso em: 11 nov. 2015.

Giz de Cera/Arquivo da editora

- Na paisagem que o artista Zé Zuca vê da janela existem elementos naturais ou culturais? Explique.

3. As imagens abaixo retratam a transformação de uma paisagem, causada por um terremoto. Observe-as.

Katmandu (Nepal), em 2015.

- As modificações observadas foram causadas pela ação da natureza ou pela ação do ser humano? Justifique sua resposta.

____

____

____

4. Desenhe, em uma folha, uma paisagem do seu bairro. Pode ser da sua rua, de uma praça ou da vista de uma janela da sua casa. Depois converse com os colegas sobre os elementos do desenho de cada um. Quais são naturais e quais são culturais?

Organizem, com a orientação do professor, uma exposição dos desenhos, para todos os alunos da escola.

CAPÍTULO

2 O CLIMA E A VEGETAÇÃO

O TEMPO E O CLIMA

Quando observamos uma paisagem por um instante, podemos perceber a condição do **tempo** nesse lugar: se está chovendo, se o céu está nublado ou se faz calor.

Mas as características de uma paisagem dependem também do clima. **Clima** é o conjunto dos tipos de tempo que costumam ocorrer em um lugar, no período de um ano. As características de um clima dependem principalmente da variação da temperatura e da quantidade de chuva do lugar nesse período. Observe as imagens.

Ambeon/Alamy/Latinstock

Em Ilulissat, na Groenlândia, faz muito frio na maior parte do ano. Dizemos que o clima desse lugar é frio. Fotografia de 2015.

Em Surrey, na Jamaica, costuma fazer calor na maior parte do ano. Dizemos que o clima desse lugar é quente. Fotografia de 2015.

Martin Moxter/ImageBroker/AgbPhoto Library

Você já deve ter visto na televisão, nos jornais ou na internet notícias sobre a previsão do tempo. Essas informações indicam as possíveis condições do tempo em uma cidade, em determinado dia. Dessa forma podemos saber se vai fazer frio ou calor, se vai chover ou fazer sol. Veja a previsão do tempo abaixo, retirada da internet.

Reprodução/<http://www.cptec.inpe.br/cidades/tempo/240>

Dados do *site*: Centro de Previsão de Tempo e Estudos Climáticos. Disponível em: <www.cptec.inpe.br>. Acesso em: 27 jan. 2016.

Informações sobre as condições do tempo em Rio Branco, capital do estado do Acre (Brasil). Observe que os dados indicam a temperatura mínima e a temperatura máxima do dia 28 de janeiro de 2016, a probabilidade de chuva nesse dia (quanto mais próximo do 100% maior a chance de chover) e o horário do nascer e do pôr do sol.

ATIVIDADES

1 Observe a fotografia ao lado.

Celso Pupo/Fotoarena

Cidade do Rio de Janeiro, estado do Rio de Janeiro (Brasil), em 2015.

No Brasil, a unidade de medida para temperaturas é graus Celsius (°C).

- A temperatura indicada no termômetro diz respeito ao tempo ou ao clima do local? Por quê?

____

2 Leia o texto.

> O deserto do Atacama é considerado o deserto mais seco do mundo. Lá chove muito pouco ao longo do ano.

- A informação sobre o deserto do Atacama diz respeito ao tempo ou ao clima? Por quê?

____

____

A VEGETAÇÃO

O conjunto de plantas que nascem e crescem de forma natural em um determinado lugar chama-se **vegetação**. A vegetação é um dos elementos naturais que compõem uma paisagem. Observe:

Paisagem com vegetação de **caatinga**. Esse tipo de vegetação é comum em áreas do Brasil onde chove pouco e faz calor o ano todo.

Fabio Colombini/Arquivo do fotógrafo

Município de Caicó, no estado do Rio Grande do Norte (Brasil), em 2014.

Cassandra Cury/Pulsar Imagens

Essa planta da caatinga é chamada cacto xique-xique. Ela consegue armazenar água em seu caule, para suportar os períodos sem chuva.

Paisagem onde predominam as árvores, chamada **floresta tropical**. Ela se desenvolve em lugares onde chove bastante o ano todo.

NiceProspects-Prime/Alamy/Latinstock

Camboja, em 2011.

Alex Hyde/Nature PL/Easypix Brasil

Algumas árvores de uma floresta tropical podem ter mais de 60 metros de altura.

Paisagem com vegetação formada por arbustos, pequenas árvores e plantas rasteiras, chamada **savana**. Esse tipo de vegetação é comum em lugares onde chove em alguns meses do ano e não chove em outros.

Skrzypczak/imageBroker/Keystone

Quênia, em 2015.

Grandes mamíferos, como o elefante, vivem nas savanas.

Christian Vorhofer/imageBroker/Keystone

arbustos: pequenas árvores. Observe:

Ilustrações: Osni Oliveira/Arquivo da editora

Paisagem com vegetação rasteira, sem árvores, chamada **tundra**. Esse tipo de vegetação é comum em lugares onde faz muito frio o ano todo.

DeAgostini/Getty Images

Islândia, em 2015.

Gertrud & Helmut Denzau/imageBroker/Keystone

Por causa do frio, o solo fica congelado grande parte do ano, o que dificulta o crescimento das plantas.

solo: camada da superfície da Terra onde crescem as plantas.

ATIVIDADES

1 O que é vegetação?

____

____

2 Quais são as diferenças entre os tipos de vegetação das fotografias?

____

____

____

ATIVIDADES DO CAPÍTULO

1. Observe as imagens.

pavel dudek/Shutterstock

Istambul, na Turquia, no verão. Fotografia de 2014.

istanbul_image_video/Shutterstock

Istambul, na Turquia, no inverno. Fotografia de 2015.

- Observando apenas as imagens, o que podemos afirmar sobre o clima desse lugar?

☐ Faz muito frio o ano todo.

☐ Faz calor o ano todo.

☐ Durante um período do ano faz muito frio.

2. Pinte a tirinha e depois responda à questão.

Essa tirinha foi publicada no *site*: <http://turmadamonica.uol.com.br/tirinhas/index.php?a=33>. Acesso em: 11 nov. 2015.

- Como estava o tempo na cena acima?

____

3. Observe a imagem abaixo e responda às questões.

Ernesto Reghran/Pulsar Imagens

Paisagem do município de Manaus, estado do Amazonas (Brasil), em 2015.

a) Na paisagem predominam os elementos naturais ou culturais? Quais são eles?

____

b) Como é a vegetação desse lugar? Faça uma descrição.

____

____

____

c) Observando novamente as fotografias das páginas 20 e 21, com qual tipo de vegetação a fotografia acima mais se parece?

____

CAPÍTULO 3

O RELEVO E OS RIOS

AS FORMAS DE RELEVO

Você já reparou que em uma paisagem é possível observar diferentes formas do terreno? E que cada uma tem uma altitude diferente? Os terrenos podem ser planos, mais ondulados ou até apresentar áreas mais elevadas.

Esse conjunto de formas do terreno é chamado de **relevo**.

Observe na ilustração as principais formas de relevo.

altitude: medida da elevação de um terreno, a partir do nível do mar (zero metro).

Montanhas da cordilheira dos Andes em Santiago, no Chile, em 2014.

Montanhas: grandes elevações do terreno, com laterais bastante inclinadas. São as áreas de maior altitude na superfície da Terra. Um conjunto de montanhas é chamado **cordilheira**.

Depressões: são áreas geralmente planas, mais baixas em relação às terras ao seu redor. Podem ser até mais baixas do que o nível do mar.

Depressão no município de Teixeira, no estado da Paraíba (Brasil), em 2014.

Depressão

Ilustração esquemática.

ATIVIDADES

1 Você já observou a forma do relevo do bairro onde mora? Converse com o professor e os colegas e depois desenhe em seu caderno essa forma de relevo.

2 Faça uma pesquisa em livros, revistas e na internet sobre as maiores montanhas da Terra. Anote em seu caderno informações como: nome, altitude e localização. Se possível, cole no caderno uma fotografia das montanhas pesquisadas.

Ricardo Azoury/Pulsar Imagens

Planalto no município de Uiramutã, no estado de Roraima (Brasil), em 2014.

André Dib/Pulsar Imagens

Planície no município de Poconé, no estado de Mato Grosso (Brasil), em 2014.

Planícies: terrenos geralmente planos e situados em baixas altitudes. Nessas áreas, ocorre grande acúmulo de sedimentos.

Planaltos: terrenos geralmente irregulares (com algumas áreas mais planas e outras formadas por morros) e mais elevados do que as áreas ao seu redor. Estão em altitudes geralmente mais elevadas do que as planícies. Nessas áreas ocorre maior desgaste do terreno, chamado **erosão**.

sedimentos: partículas soltas de solos e rochas.

Osni Oliveira/Arquivo da editora

OS RIOS

Os rios também são elementos da paisagem. O percurso de um rio começa em um ponto de maior altitude e segue para as áreas de menor altitude do terreno. Nesse caminho, a força de suas águas vai levando sedimentos, que são depositados nas partes mais baixas e mais planas.

Conheça o caminho de um rio na ilustração abaixo.

Osni Oliveira/Arquivo da editora

leito: canal por onde correm as águas de um rio.

Para saber qual é a margem esquerda e a margem direita de um rio, você deve utilizar como referência o percurso dele, da nascente à foz.

Próximo da nascente, os rios têm pouca água. À medida que avançam, vão recebendo água de seus afluentes.

Thomaz Vita Neto/Pulsar Imagens

Rios pequenos, com pouca água, podem ser chamados de córregos, riachos ou ribeirões.

Área próxima da nascente do rio São Francisco, no município de São Roque de Minas, no estado de Minas Gerais (Brasil). Esse rio nasce a 1 200 metros de altitude aproximadamente e deságua no oceano Atlântico, a zero metro de altitude (nível do mar).

ATIVIDADES

1 Observe a fotografia abaixo e complete com as palavras do quadro.

foz	margem direita	margem esquerda	oceano

Delfim Martins/Pulsar Imagens

Rio Verde, no município de Iguape, no estado de São Paulo (Brasil), em 2014.

2 Existe um rio na cidade em que você mora? Como ele é?

A IMPORTÂNCIA DOS RIOS

Você sabe de onde vem a água que você utiliza no dia a dia?

A maior parte da água do nosso planeta é salgada e está nos oceanos e mares. Uma pequena parte é de água doce. Dessa pequena parte, muita água está congelada nas geleiras e não podemos utilizar. Podemos usar apenas a água que está nos rios, nos lagos e no subsolo.

subsolo: o que está abaixo do solo.

Utilizamos a água dos rios para muitas atividades, entre elas o abastecimento das moradias e das indústrias e para gerar energia elétrica, como você viu nesta Unidade. Veja abaixo outras atividades em que os rios são aproveitados.

Andre Dib/Pulsar Imagens

Muitos rios brasileiros são utilizados para a pesca. Na fotografia de 2014, pesca no rio Japurá, no estado do Amazonas (Brasil).

Delfim Martins/Pulsar Imagens

As águas do rio São Francisco, por exemplo, são utilizadas para irrigar muitas plantações. Na fotografia, irrigação no município de Petrolina, no estado de Pernambuco (Brasil) em 2015.

irrigar: molhar; regar.

O maior rio do mundo

Ilustra Cartoon/Arquivo da editora

O rio Amazonas é o maior rio do mundo. Ele tem aproximadamente 6992 quilômetros de comprimento. Ele nasce em uma área de grandes montanhas chamada cordilheira dos Andes, no Peru, a mais de 5000 metros de altitude. Durante seu percurso ele passa pela Colômbia e pelo Brasil e recebe águas de mais de mil afluentes. No Brasil, o rio Amazonas percorre uma grande planície até desaguar no mar, no oceano Atlântico.

Transporte de gado no rio Amazonas, em 2015.

Ernesto Reghran/Pulsar Imagens

ATIVIDADES

- De acordo com o texto e a imagem acima, responda às questões.

a) Onde é a nascente e a foz do rio Amazonas?

____

____

b) Durante todo o seu percurso, por quantos países o rio Amazonas passa?

____

c) Como o rio Amazonas está sendo aproveitado?

____

ATIVIDADES DO CAPÍTULO

1. Observe as imagens e complete as legendas com as palavras do quadro.

planalto	planície

Ernesto Reghran/Pulsar Imagens

A fotografia mostra um trecho do rio Iguaçu, no estado do Paraná (Brasil), percorrendo um relevo de

____________________.

Guido Alberto Rossi/TIPS/ZUMAPRESS/Glow Images

A fotografia mostra um trecho do rio Mississípi (Estados Unidos), percorrendo um relevo de

____________________.

2. Em sua opinião, qual dos rios acima pode ser naturalmente aproveitado para a navegação? Por quê?

____

____

3. Descubra os erros no texto seguinte. Depois reescreva-o corretamente no caderno.

> Os rios principais desembocam em outro rio. Os afluentes são rios que desembocam em um lago ou no mar.

4. Indique com qual finalidade o rio está sendo utilizado nas imagens seguintes.

Cassandra Cury/Pulsar Imagens

Rio Acauã, no município de Acari, no estado do Rio Grande do Norte (Brasil), em 2014.

CHAIYA/Shutterstock

Rio Chao Phraya, na Tailândia, em 2015.

Raimundo Paccó/Frame/Folhapress

Rio Sucuriju, no estado do Amapá (Brasil), em 2014.

5. Observe a imagem ao lado e depois responda às questões.

Apu Gomes/Folhapress

Rio Tietê, no município de São Paulo, estado de São Paulo (Brasil), em 2014.

a) Em sua opinião, o rio aparenta estar limpo? Por quê?

b) Da forma como o rio está você acha que ele pode ser utilizado? Justifique a sua resposta.

ENTENDER O ESPAÇO GEOGRÁFICO

AS FOTOGRAFIAS AÉREAS

As primeiras fotografias aéreas foram feitas por meio de máquinas fotográficas instaladas em balões, pipas e até pombos, há um pouco mais de 100 anos.

Atualmente, as fotografias aéreas são feitas por máquinas fotográficas colocadas em aviões especiais.

As fotografias aéreas mostram a superfície da Terra vista de cima, de uma maneira bem diferente da que estamos acostumados a ver no dia a dia. Vamos ver como é isso?

1. Escolha um objeto pequeno. Pode ser uma caneta, um estojo ou uma mochila. Coloque-o sobre a mesa e observe-o, como na imagem 1. Depois coloque-o no chão e observe-o, como na imagem 2.

Em visão oblíqua: do alto e de lado.

Em visão vertical: do alto e de cima para baixo.

Ilustrações: Ilustra Cartoon/Arquivo da editora

- Desenhe em seu caderno o objeto na visão oblíqua e na visão vertical.

Agora observe as imagens abaixo. Elas são fotografias aéreas.

Delfim Martins/Pulsar Imagens

Foto aérea **oblíqua** do município de Teresina, estado do Piauí (Brasil), em 2015.

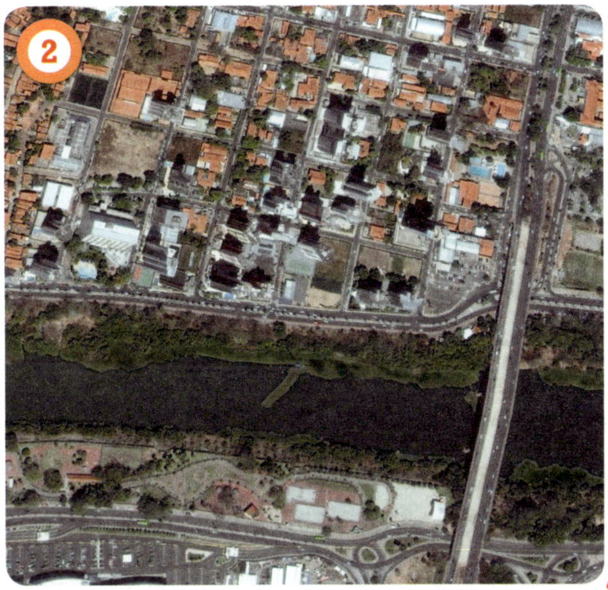

2016 Google Earth/DigitalGlobe

Foto aérea **vertical** do município de Teresina, estado do Piauí (Brasil), em 2015.

Ilustrações: Ilustra Cartoon/Arquivo da editora

Ilustra Cartoon/Arquivo da editora

2. Qual é a diferença entre as fotografias?

3. Para que você usaria cada uma?

A visão vertical é a que mostra melhor a distribuição dos elementos nas paisagens. A partir de imagens na visão vertical são feitos plantas e mapas.

plantas: representações planas, reduzidas e detalhadas de um lugar (sala de aula, bairro ou cidade).

mapas: representações planas e reduzidas de parte ou de toda a superfície da Terra.

LER E ENTENDER

Lenda é uma história fantasiosa popular criada para explicar a origem de algo que existe na Terra. Elas costumam ser transmitidas oralmente de pais para filhos. Você conhece alguma lenda?

Leia o título da lenda e observe a imagem. Como você imagina que será essa história?

Lenda das cataratas

Conta-se que os índios caigangues, habitantes das margens do rio Iguaçu, acreditavam que o mundo era governado por M'Boy, um deus que tinha a forma de serpente [...]. Igobi, o cacique dessa tribo, tinha uma filha chamada Naipi, tão bonita que as águas do rio paravam quando a jovem nelas se mirava.

Devido à sua beleza, Naipi era consagrada ao deus M'Boy [...]. Havia, porém, entre os Caigangue, um jovem guerreiro chamado Tarobá que, ao ver Naipi, por ela se apaixonou.

No dia da festa de consagração da bela índia, [...] Tarobá aproveitou e fugiu com a linda Naipi numa canoa rio abaixo, arrastada pela correnteza.

Quando M'Boy percebeu a fuga de Naipi e Tarobá, ficou furioso. Penetrou então as entranhas da terra e, retorcendo o seu corpo, produziu uma enorme fenda, onde se formou a gigantesca catarata.

Envolvidos pelas águas, a canoa e os fugitivos caíram de grande altura, desaparecendo para sempre. Diz a lenda que Naipi foi transformada em uma das rochas centrais das cataratas [...] e Tarobá foi transformado em uma palmeira.

Ilustra Cartoon/Arquivo da editora

consagrada: oferecida; dedicada.

catarata: queda d´água; cachoeira.

Texto adaptado do *site* CATARATAS DO IGUAÇU. Disponível em: <www.cataratasdoiguacu.com.br/portal/paginas/226-lenda-das-cataratas.aspx>. Acesso em: 15 nov. 2015.

ANALISE

1. A história é como você havia imaginado? Comente com o professor e os colegas.

2. Caigangues são indígenas brasileiros. Na lenda aparecem outros nomes indígenas. Identifique-os e diga a quem se referem.

____

____

3. O que essa lenda explica?

____

4. Como a lenda explica a origem das cataratas?

____

____

____

RELACIONE

5. Leia abaixo a explicação geográfica para a formação das cataratas do Iguaçu e depois responda às questões.

> As cataratas se formaram há milhões de anos, a partir de uma fenda que se abriu no terreno por causa de atividades vulcânicas.

fenda: rachadura; abertura estreita.

a) De acordo com o texto acima, as cataratas são elementos naturais ou culturais da paisagem? Por quê?

____

b) Existem semelhanças entre as duas explicações sobre a formação das Cataratas do Iguaçu? Converse com o professor e os colegas.

O QUE APRENDI?

Agora é hora de retomar todas as discussões realizadas nesta Unidade. Vamos lá!

Mauricio Simonetti/Pulsar Imagens

1. Imagine a paisagem da abertura da Unidade sem a interferência do ser humano. Como você acha que seria? Faça um desenho abaixo.

2. Que elementos naturais e culturais você identifica na paisagem da abertura?

____

____

____

____

3. Que formas de relevo estão presentes nela?

____

____

4. Se a previsão do tempo para o dia em que a fotografia foi tirada tivesse indicado dia chuvoso para União da Vitória, você acha que ela teria acertado? Por quê?

____

____

5. Como você acha que o rio da imagem é utilizado?

____

____

6. A imagem da abertura está:

- ☐ na visão oblíqua.
- ☐ na visão vertical.

Ilustra Cartoon/Arquivo da editora

UNIDADE

2 O MUNICÍPIO

1. Centro de Convenções Amazonino Mendes - Bumbódromo
2. Catedral Nossa Senhora do Carmo
3. Cemitério Judeu
4. Cidade do Garantido
5. Curral do Caprichoso (Zeca Xibelão)
6. Igreja do Sagrado Coração de Jesus
7. Colégio Nossa Sra. do Carmo
8. Porto
9. Aeroporto Julio Belém
10. Hospital Padre Colombo
11. Praça do Cristo
12. Igreja São Benedito
13. Mercado Municipal
14. Praça dos Bois
15. Bar Chapão
16. Bar Comunas
17. Hospital Regional Jofre Cohen
18. Escola Araujo Filho
19. Central de Artesanato
20. Parque de Exposições e Feiras Agropecuárias Luiz Lourenço de Sou

Informações Turísticas

- Você já viu uma representação como esta?
- O que está representado nela?
- Para que você usaria esta representação?

CAPÍTULO 4

CONHECENDO O MUNICÍPIO

O QUE É UM MUNICÍPIO?

Você sabe o nome do bairro onde mora? E do município? Todo bairro faz parte de um município.

Município é a menor unidade administrativa do nosso país com um governo próprio. Um conjunto de municípios forma um estado.

Geralmente os municípios são formados por uma área urbana e uma área rural. Observe a ilustração:

governo: conjunto de pessoas responsáveis pela administração de um município, estado ou país.

recursos naturais: elementos da natureza que são usados pelo ser humano em várias atividades (areia e minérios, por exemplo).

Na **área rural** encontram-se as plantações e criações de animais, em sítios e fazendas, além das áreas de vegetação natural e de extração de recursos naturais. As casas são mais distantes umas das outras, não há prédios e as ruas são geralmente de terra.

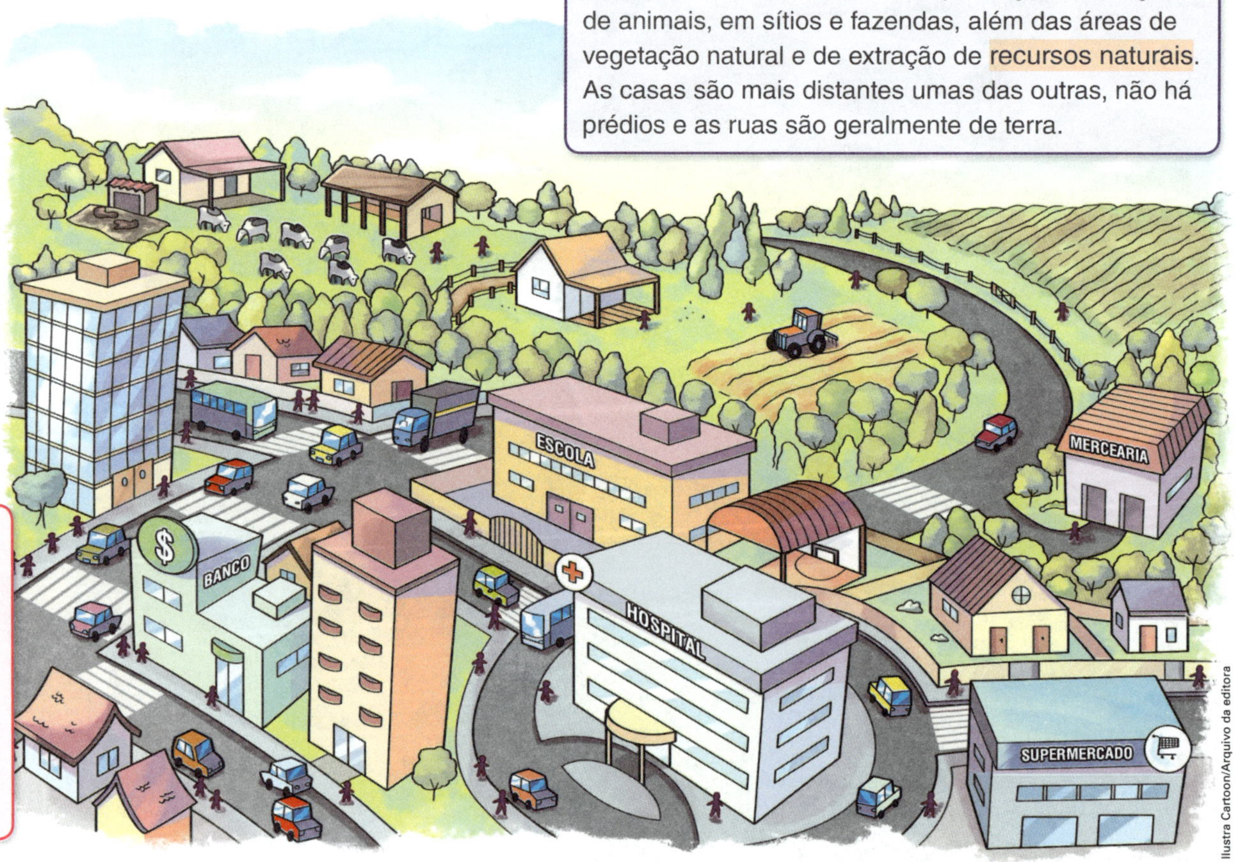

Na **área urbana** concentram-se casas, prédios, fábricas, comércios e serviços, como bancos e hospitais. Há maior circulação de veículos e pessoas. Geralmente as ruas são asfaltadas.

Ilustra Cartoon/Arquivo da editora

A área urbana de um município também é chamada de **cidade** e a área rural também é chamada de **campo**.

Alguns municípios possuem uma extensa área urbana. Em outros a área rural é maior que a urbana.

O campo e a cidade têm igual importância em um município. Geralmente, as atividades de cada um deles se complementam.

Muitos dos alimentos que consumimos são produzidos no campo: verduras, frutas, legumes, ovos e carnes, por exemplo. Alguns desses alimentos são transformados nas indústrias, geralmente localizadas nas cidades. Os serviços e comércios que estão na cidade são também utilizados pelos moradores do campo.

O que é produzido na área rural e urbana de um município é também comercializado com outros municípios.

João Prudente/Pulsar Imagens

Município de Campos Gerais, no estado de Minas Gerais (Brasil), em 2015.

ATIVIDADES

1 Complete a ficha com informações sobre onde você mora.

Rua: ______________________________

Bairro: ______________________________

Município: ____________________ Estado: ____________

2 A sua casa fica na área rural ou na área urbana do município? Justifique a sua resposta.

____

____

ORIGEM E FORMAÇÃO

Todos os municípios têm uma história. Eles têm uma origem e sofreram transformações ao longo do tempo. Muitos municípios brasileiros tiveram início por meio de um pequeno povoado. Outros surgiram da divisão de um município mais antigo. Conheça no texto abaixo a história de São Caetano do Sul, um município do estado de São Paulo.

imigrantes: pessoas que saem de seu país de origem para viver em outro lugar.

olarias: locais de produção de objetos feitos de barro, como telhas e tijolos.

A história de São Caetano do Sul

O povoado de São Caetano formou-se com a vinda de imigrantes italianos para o Brasil, em 1877, em terras de uma antiga fazenda de gado chamada São Caetano do Tijucuçu. Lá começaram a cultivar batatas e a produzir vinho. Nessa época surgiram as primeiras olarias, próximas ao rio Tamanduateí. Esse rio era importante também porque servia como via de transporte de pessoas e mercadorias. Nessa época o povoado tinha aproximadamente 251 pessoas.

Ilustra Cartoon/Arquivo da editora

A chegada da estrada de ferro São Paulo Railway e a construção de uma estação (em 1883) atraiu muitas pessoas. A facilidade de transporte trouxe muitas fábricas para a região, entre elas as indústrias da família Matarazzo. Lá se produzia tijolos, cerâmicas, tecidos e produtos químicos. De lá para cá mais fábricas se instalaram, atraindo mais pessoas. A cidade cresceu.

A paisagem antes ocupada por fazendas foi se transformando. Hoje São Caetano do Sul tem aproximadamente 158 mil habitantes, todos moradores da área urbana (não existe mais área rural no município).

Texto elaborado com informações do *site* da Fundação Pró-Memória de São Caetano do Sul. Disponível em: <www.fpm.org.br>. Acesso em: 21 nov. 2015.

Reprodução/Acervo da Fundação Pró-Memória de São Caetano do Sul

O povoado de São Caetano cresceu em torno da capela de São Caetano. Ela existe até hoje. Na fotografia de 1908, festa de Santo Antônio no entorno da capela.

ATIVIDADES

1 Com base no texto ao lado, responda às questões:

a) Como surgiu o município de São Caetano do Sul?

____

____

b) Por que o município de São Caetano do Sul não possui mais área rural?

____

____

c) Em qual estado do Brasil fica o município de São Caetano do Sul?

____

2 Faça uma pesquisa na internet e em livros a respeito da história do município em que você mora. Você pode também conversar com antigos moradores. Se possível, reúna fotografias que ajudem a contar essa história. Procure descobrir:

- a origem do nome do município;
- como era o modo de vida das pessoas;
- se existem construções antigas ainda preservadas e qual uso é dado a elas atualmente.

Depois escreva um texto em seu caderno contando a história do município. Leia seu texto para o professor e os colegas. Veja se os colegas que moram no mesmo município que você trouxeram outras informações que possam completar a sua pesquisa.

Ilustra Cartoon/Arquivo da editora

ORGANIZAÇÃO E ADMINISTRAÇÃO

Algumas pessoas são responsáveis pelo governo do município. Vamos conhecer quem são elas?

Secretários municipais: junto com o prefeito, cuidam dos serviços oferecidos pelo município (educação, saúde, transportes, habitação e saneamento, por exemplo).

Prefeito: é quem administra o município.

Vice-prefeito: é quem assume a administração se o prefeito precisar sair.

Vereadores: são os responsáveis pela criação das leis que organizam o município e atendem às necessidades dos moradores e pela fiscalização do trabalho do prefeito.

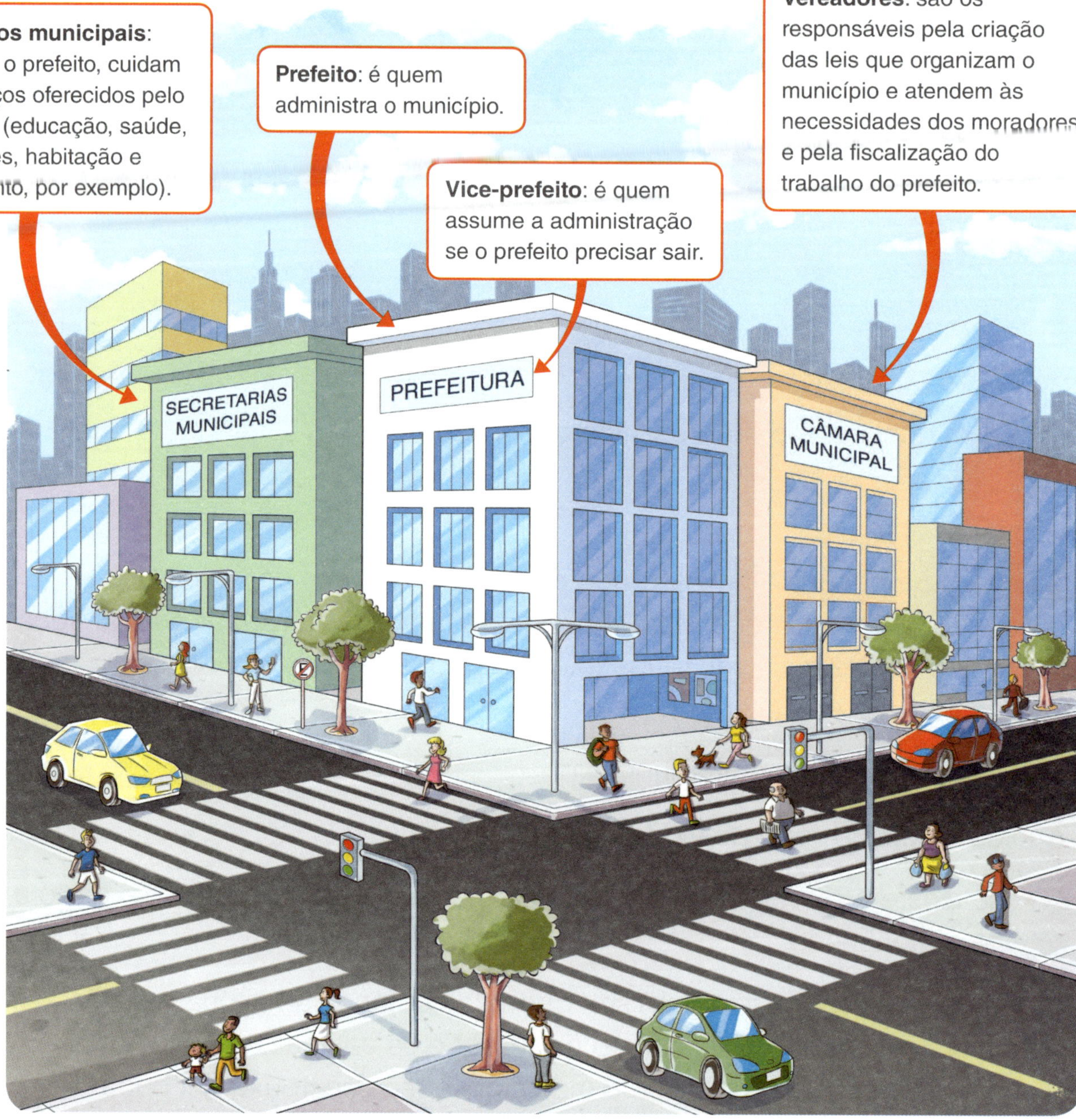

Ilustra Cartoon/Arquivo da editora

O prefeito pode criar ou extinguir secretarias, por isso o número de secretarias varia em cada município. O prefeito também pode propor a criação de leis, mas elas serão analisadas pelos vereadores.

O número de vereadores do município depende do número de moradores: quanto mais moradores, mais vereadores.

O povo é quem decide!

No Brasil, o prefeito e os vereadores são escolhidos pelos moradores do município por meio de uma eleição, que ocorre a cada quatro anos. Os secretários municipais são escolhidos pelo prefeito.

Toda pessoa a partir dos 16 anos de idade pode votar. A partir de 18 anos e até os 70 anos o voto é obrigatório para todo brasileiro alfabetizado. Após os 70 anos, o voto é facultativo.

Sérgio Dotta Jr./Arquivo da editora

O **título eleitoral** é o documento que dá o direito ao voto nas eleições.

eleição: momento em que se escolhe uma pessoa para ocupar um cargo.

alfabetizado: que sabe ler e escrever.

facultativo: que não é obrigatório.

ATIVIDADES

1 Quem são os responsáveis pelo governo nos municípios?

____

____

2 Quem escolhe o prefeito e os vereadores dos municípios?

____

3 Quem escolhe os secretários dos municípios?

____

4 Responda às questões abaixo sobre o município em que você mora:

a) Qual é o nome do prefeito e do vice-prefeito?

____

____

b) Em que ano eles foram eleitos? ____________________

c) Em que ano haverá nova eleição para prefeito e vereadores? __________

ATIVIDADES DO CAPÍTULO

1. Observe as imagens e responda às questões.

Delfim Martins/Pulsar Imagens

Belém, no estado do Pará (Brasil), em 2014.

Delfim Martins/Pulsar Imagens

Santarém, no estado do Pará (Brasil), em 2014.

a) A fotografia 1 retrata uma paisagem da área urbana ou rural do município de Belém? Por quê?

____

____

b) A fotografia 2 retrata uma paisagem da área urbana ou rural do município de Santarém? Por quê?

____

____

2. Complete as frases abaixo:

A área urbana de um município também é chamada de ______________. A área rural também é chamada de ______________.

3. Observe as imagens abaixo. O que cada uma delas está retratando?

Rubens Chaves/Pulsar Imagens

Delfim Martins/Pulsar Imagens

______________________ ______________________

4. Leia a reportagem abaixo e responda às questões.

CÂMARA DE PORTO ALEGRE APROVA TROCA DE NOME DA AV. CASTELO BRANCO PARA AV. DA LEGALIDADE E DA DEMOCRACIA

A Câmara de Vereadores aprovou na tarde desta quarta-feira o projeto que altera o nome da avenida com 21 votos a favor e cinco contra. Houve ainda quatro vereadores ausentes e cinco que não votaram. Para entrar em vigor, a lei precisa ser sancionada pelo prefeito [...].

Trecho de reportagem extraído do *site* de notícias JORNALISMO B. Disponível em: <http://jornalismob.com/2014/08/27/camara-de-porto-alegre-aprova-troca-de-nome-da-av-castelo-branco-para-av-da-legalidade-e-da-democracia/>. Acesso em: 23 nov. 2015.

sancionada: aprovada.

a) A reportagem trata da Câmara de Vereadores de qual município?

____

b) Do que trata a lei aprovada na Câmara de Vereadores?

____

c) Quantos vereadores participaram da votação?

____

d) Qual é a função dos vereadores de um município?

CAPÍTULO 5

OS SERVIÇOS E ALGUNS PROBLEMAS DO MUNICÍPIO

OS SERVIÇOS PÚBLICOS E PRIVADOS

Água limpa, saúde, educação e segurança são alguns direitos básicos importantes para que as pessoas possam viver bem. Todo município deve oferecer serviços que garantam esses direitos aos seus moradores, sejam eles do campo ou da cidade. São os chamados **serviços públicos**.

Você já ouviu falar em saneamento básico? É o serviço público responsável pela limpeza das ruas, coleta e armazenamento do lixo e tratamento de água e esgoto. Trata-se de um serviço muito importante para a qualidade de vida das pessoas. Conheça outros serviços públicos:

qualidade de vida: condição que permite ao ser humano viver bem, seja por sua saúde física/mental, seja pelo ambiente em que vive.

Saúde

Palê Zuppani/Pulsar Imagens

Centro de saúde no município de Florianópolis, no estado de Santa Catarina (Brasil), em 2014.

Segurança

Alf Ribeiro/Folhapress

Guarda civil no município de Guarujá, no estado de São Paulo (Brasil), em 2015.

Educação

Rubens Chaves/Pulsar Imagens

Biblioteca pública municipal de Garanhuns, no estado de Pernambuco (Brasil), em 2015.

Além dos serviços públicos existem os **serviços privados** nos municípios. Conheça alguns exemplos:

Rubens Chaves/Pulsar Imagens

Escola privada no município de Natal, no estado do Rio Grande do Norte (Brasil), em 2014.

Rogério Reis/Pulsar Imagens

Hospital privado no município de Salvador, no estado da Bahia (Brasil), em 2014.

Os serviços públicos são de responsabilidade dos governos, mas são pagos pelas pessoas por meio de dinheiro arrecadado com a cobrança de impostos. Já os serviços privados não são de responsabilidade do governo. São oferecidos por empresas particulares e pagos diretamente a elas.

Alguns serviços são oferecidos pelos setores público e privado, como escolas e hospitais, por exemplo.

impostos: quantia em dinheiro paga ao governo pelas pessoas. Exemplo: quando você compra um alimento, parte do dinheiro pago por ele vai para o governo financiar os serviços públicos.

particulares: que pertencem a alguém; que têm um dono.

ATIVIDADES

1 Quais serviços públicos são oferecidos no município em que você mora? Cite três exemplos.

____

____

____

2 Como é arrecadado o dinheiro investido nos serviços públicos?

____

____

O TRATAMENTO DE ÁGUA E ESGOTO

De onde vem a água limpa que você e sua família usam em casa? E o que acontece com ela depois que vocês a utilizam? Descubra as respostas na ilustração.

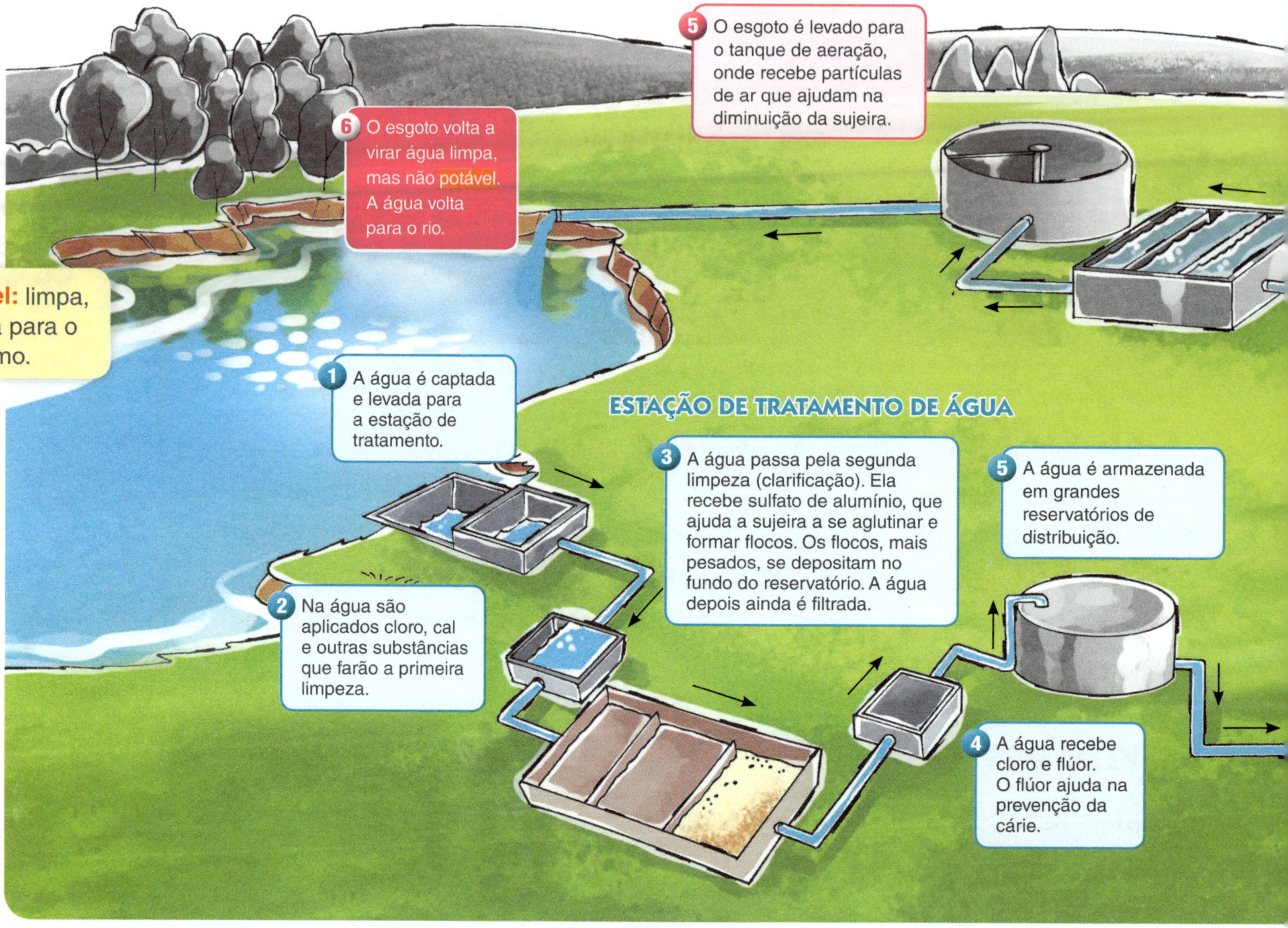

potável: limpa, própria para o consumo.

ATIVIDADES

1 Qual é a importância de tratar a água para o consumo?

___

___

___

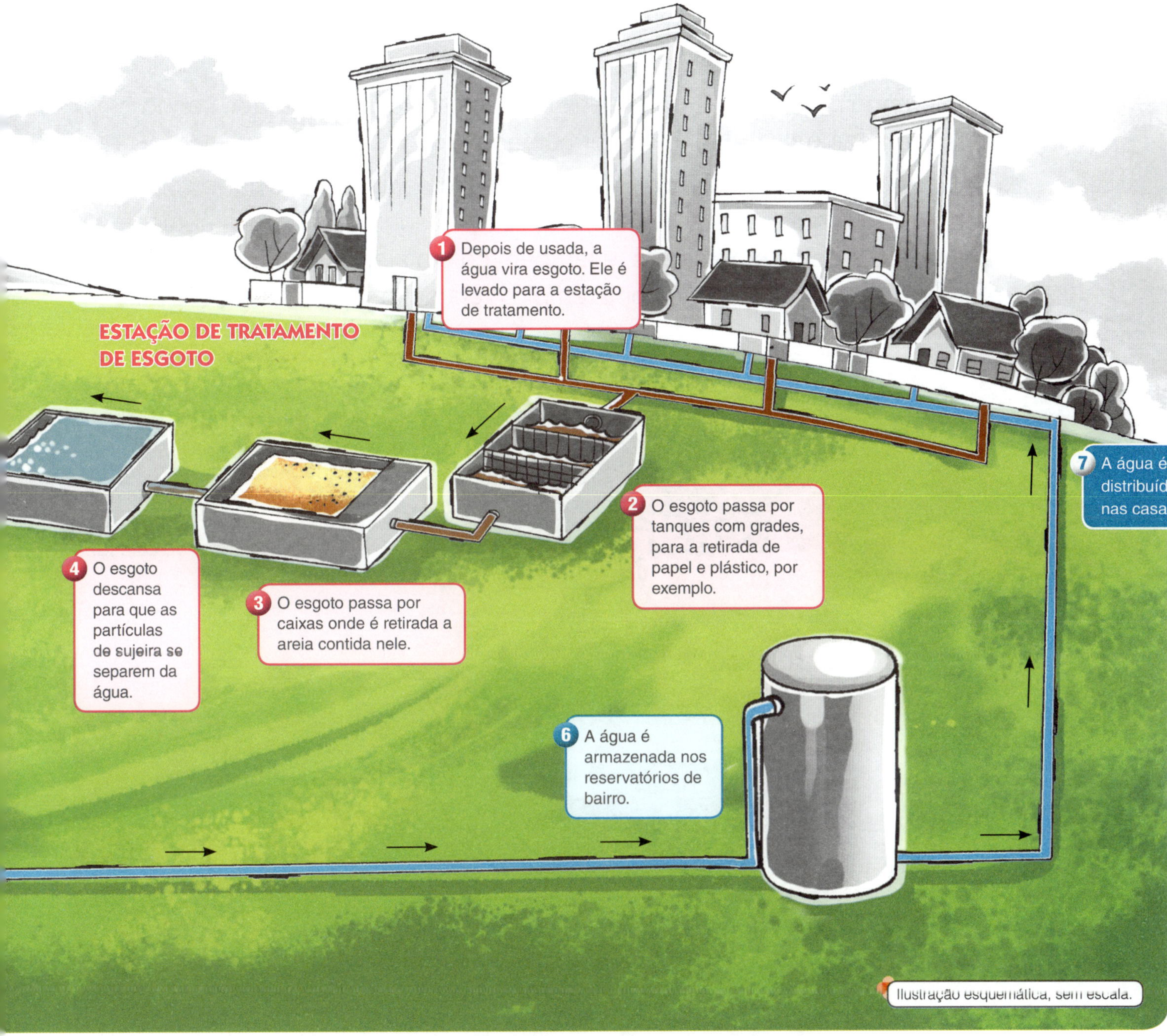

Ilustra Cartoon/Arquivo da editora

Adaptado de: Sabesp. Disponível em: <http://site.sabesp.com.br/site/interna/Default.aspx?secaoId=47>. Acesso em: 24 nov. 2015.

2 Por que o esgoto precisa ser tratado?

____

____

3 Na sua casa a água e o esgoto são tratados? Converse com um familiar.

PROBLEMAS RURAIS E URBANOS

Ao longo do tempo as paisagens do campo e da cidade vêm sendo transformadas pelo trabalho do ser humano.

Em alguns municípios, a área urbana tem crescido e avançado sobre a área rural. Em outros, as áreas urbanas têm se modificado com o aumento do número de prédios e de carros, e também com o alargamento de avenidas e a construção de viadutos, por exemplo. Veja outras transformações nas imagens abaixo.

Ernesto Reghran/Pulsar Imagens

Em alguns municípios, áreas com floresta na área rural foram desmatadas e ocupadas com plantações. Na fotografia de 2015, plantação de milho no município de Londrina, no estado do Paraná (Brasil), em antiga área de floresta.

Amadeu Barbosa/Jornal Hoje em Dia

O crescimento da área urbana de muitos municípios brasileiros eliminou as áreas verdes das cidades. Na fotografia, o que restou de mata natural em meio às construções no município de Belo Horizonte, no estado de Minas Gerais (Brasil), em 2013.

agrotóxicos: substâncias químicas utilizadas nas plantações para evitar doenças nas plantas, por exemplo.

Todas essas mudanças influenciam a qualidade de vida das pessoas. Nas cidades, por exemplo, a poluição do ar causada pelo grande número de carros e fábricas tem prejudicado a saúde dos moradores. No campo, o uso de agrotóxicos nas plantações tem poluído rios e contaminado os peixes, fonte de alimento dos moradores.

A cidade e o canto do sabiá

Muitos moradores de grandes cidades do Brasil têm se incomodado com o canto do sabiá. Você acha isso estranho? Mas é que em algumas cidades, como São Paulo, Curitiba e Porto Alegre, ele tem começado sua sinfonia às 3 horas da madrugada!

O sabiá macho canta para atrair a fêmea. Mas com todo o barulho das cidades, ele tem escolhido a madrugada, período de maior tranquilidade da cidade, para garantir que seu canto seja ouvido. Coitado do sabiá!

Giz de Cera/Arquivo da editora

ATIVIDADES

1 De acordo com o texto acima, qual problema das grandes cidades tem mudado o comportamento do sabiá?

☐ Poluição do ar ☐ Poluição sonora ☐ Poluição dos rios

2 O congestionamento é um dos problemas das grandes cidades no mundo. Sobre ele, responda às questões a seguir.

a) O congestionamento é um problema da cidade em que você mora?

____

b) Qual é o transporte que você utiliza para circular pela cidade?

____

c) Se você fosse o prefeito de uma cidade em que o congestionamento fosse um grande problema, que soluções você proporia?

____

____

____

LEITURA DE IMAGEM

LUGAR DE LIXO É NO LIXO

Em sua opinião, jogar lixo na rua pode trazer problemas para a cidade? Por quê? Converse com os colegas e, depois de fazer as atividades a seguir, veja se vocês mantêm a mesma opinião.

OBSERVE

Ernesto Rodrigues/Agência Estado

Rua na cidade de São Paulo, no estado de São Paulo (Brasil), em 2011.

Evelson de Freitas/Estadão Conteúdo/AE

Rua na cidade de São Paulo, no estado de São Paulo (Brasil), em 2015.

1. Descreva o que você observa em cada imagem.

ANALISE

2. Com uma folha de papel, cubra a metade de baixo da fotografia 1. O que você vê na metade de cima da imagem?

____

3. Faça a mesma coisa com a parte de cima da fotografia 1. O que você vê na metade de baixo da imagem?

____

4. Em sua opinião, o que o fotógrafo quis mostrar ao dividir essa imagem em duas partes quase iguais?

5. O que há de diferente na rua da fotografia 2?

____

____

RELACIONE

6. Leia a manchete a seguir.

> Lixo entope bueiros e gera alagamentos.
>
> Manchete do jornal A RAZÃO. Disponível em: <www.arazao.com.br/noticia/70350/lixo-entope-bueiros-e-gera-alagamentos>. Acesso em: 25 nov. 2015.

- Podemos dizer que há uma relação de causa e consequência entre as duas fotos? Por quê? Converse com os colegas e o professor.

7. Muitas pessoas jogam lixo nas ruas porque não sabem os problemas que isso traz. Que tal ensinar as pessoas a manter a cidade mais limpa? Juntem-se em grupos e façam cartazes, sob a orientação do professor. Vocês podem organizar na escola uma exposição dos cartazes produzidos.

ATIVIDADES DO CAPÍTULO

1. Observe a fotografia e depois assinale com um **X** as alternativas corretas.

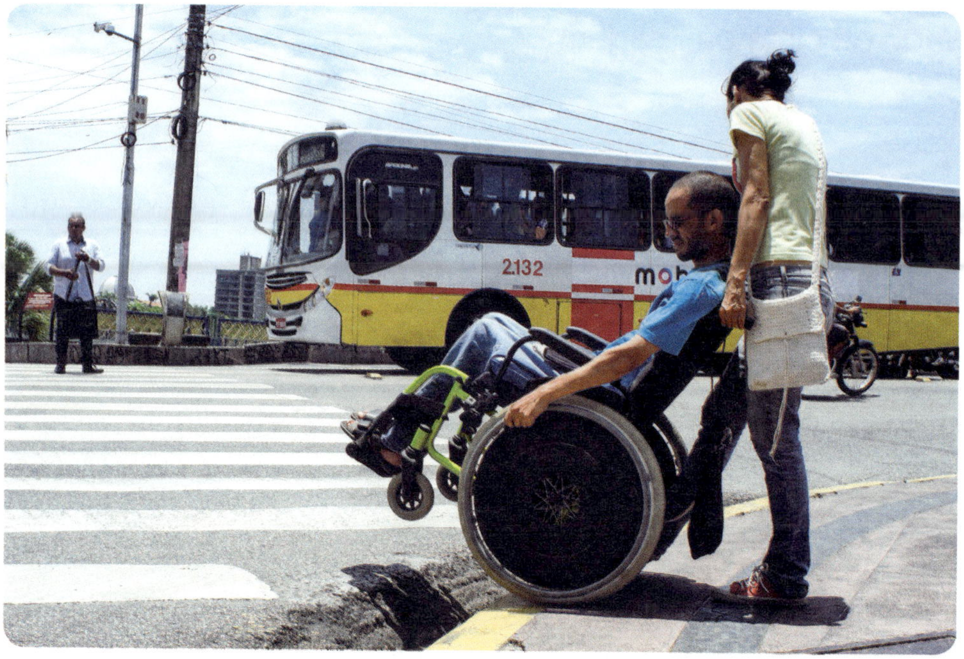

Diego Herculano/Fotoarena

Cidade do Recife, no estado de Pernambuco (Brasil), em 2015.

a) Qual serviço não foi oferecido a essas pessoas?

- [ ] Água tratada
- [ ] Calçada adaptada
- [ ] Energia elétrica

b) O serviço que você assinalou acima é:

- [ ] público.
- [ ] privado.

c) De quem é a responsabilidade desse serviço?

- [ ] Do governo
- [ ] Dos moradores
- [ ] Das empresas

2. Em muitas cidades brasileiras o direito de ir e vir das pessoas que usam cadeira de rodas não é respeitado, como você pôde observar na imagem acima. Mas você pode ajudá-las!

No caderno, escreva uma carta para os governantes dessas cidades, descrevendo as dificuldades enfrentadas pelos cadeirantes. Caso você tenha ideias para resolver o problema, comente-as na carta.

3. Responda às questões sobre o serviço de coleta de lixo.

a) Onde sua família deposita o lixo da sua casa?

____

b) Na rua da sua casa há serviço de coleta de lixo?

____

c) De quem é a responsabilidade da coleta de lixo nas cidades?

____

d) Em sua opinião, qual é o problema gerado pelo acúmulo de lixo nas calçadas das cidades?

4. Observe nas ilustrações abaixo o caminho da água da chuva em cada situação. Depois responda às questões.

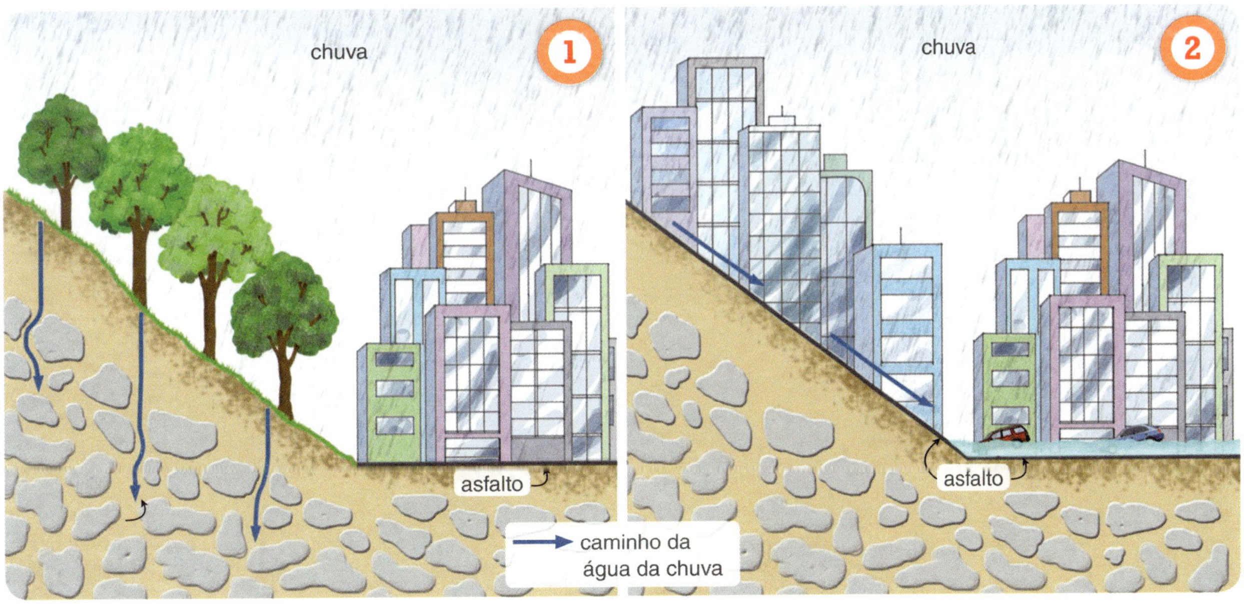

Osni de Oliveira/Arquivo da editora

a) Qual é o caminho da água da chuva na ilustração 1? E na ilustração 2?

b) Qual é o problema apresentado na ilustração 2?

c) Com base nas ilustrações, por que é importante manter as áreas verdes nas cidades?

CAPÍTULO 6

LOCALIZANDO-SE NO MUNICÍPIO

REPRESENTAÇÃO ESPACIAL

Os bairros e os municípios podem ser representados em uma folha de papel, por meio de **plantas** e **mapas**. Você estudou na Unidade 1 que as fotografias aéreas são utilizadas para esse fim. Vamos entender melhor essas duas formas de representação espacial?

Observe com atenção a planta abaixo.

Planta de parte do bairro de Copacabana, no município do Rio de Janeiro

Adaptado de: Google Maps. Disponível em: <http://maps.google.com.br>. Acesso em: 1º dez. 2015.

Plantas são representações planas e detalhadas de uma parte da superfície terrestre. Na planta acima podemos ver as ruas e as praças que compõem o bairro de Copacabana, no Rio de Janeiro, e ainda localizar restaurantes, hotéis, escolas e uma estação de metrô.

Agora observe os mapas abaixo:

Município do Rio de Janeiro

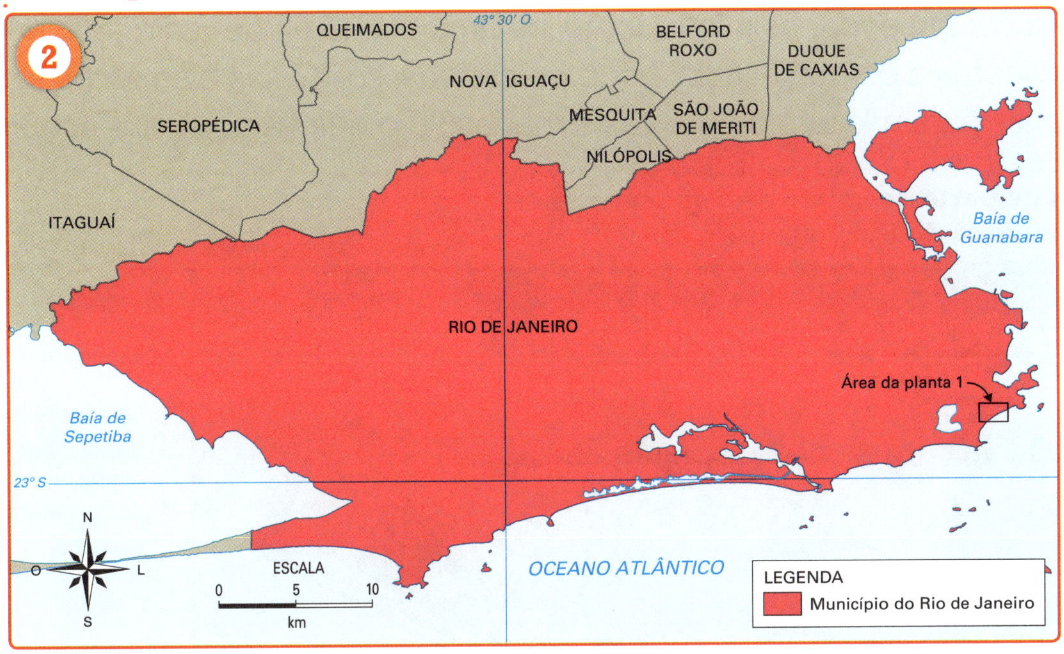

Adaptado de: IBGE Cidades. Disponível em: <cidades.ibge.gov.br>. Acesso em: 25 nov. 2015.

Mapas são representações planas de parte ou de toda a superfície do planeta Terra. Nos mapas desta página podemos ver o município do Rio de Janeiro e os outros municípios do estado do Rio de Janeiro.

Estado do Rio de Janeiro

Adaptado de: IBGE Cidades. Disponível em: <cidades.ibge.gov.br>. Acesso em: 25 nov. 2015.

ATIVIDADES

- Qual das representações apresentadas você usaria se precisasse chegar a um endereço em Copacabana? Por quê?

APRENDENDO A LER UM MAPA

Para compreender as informações de uma planta ou de um mapa, é preciso ler mais do que o título. Você percebeu isso? Quais elementos são essenciais para a leitura de plantas e mapas? É o que vamos ver a seguir.

Título: indica o que está representado.

Planta de parte do bairro de Copacabana, no município do Rio de Janeiro

Adaptado de: Google Maps. Disponível em: <http://maps.google.com.br>. Acesso em: 1º dez. 2015.

Legenda: explica o que cada símbolo ou cor da planta (mapa) significa.

Escala: indica quantas vezes o espaço real foi reduzido na representação. Neste exemplo, houve uma redução de 115 vezes, para que coubesse nesta página.

Rosa dos ventos: é uma figura que representa os pontos cardeais norte (N), sul (S), leste (L) e oeste (O).

As direções cardeais e o movimento do Sol

O Sol pode ser uma referência para nossa orientação. A partir do movimento aparente dele identificamos o norte, o sul, o leste e o oeste. Mas como fazer isso?

Podemos abrir nosso braço direito e posicioná-lo na direção onde nasce o sol, de manhã bem cedo (leste), como na ilustração abaixo. Nosso braço esquerdo aberto indicará a direção em que o sol desaparece no horizonte, no final da tarde (oeste). Na nossa frente estará a direção norte e, atrás de nós, a direção sul.

Ilustra Cartoon/Arquivo da editora

ATIVIDADES

1 Imagine que você está na praça Serzedelo Correia, indicada na planta ao lado. Se você quisesse ir até o Parque Estadual da Chacrinha, deveria seguir em qual direção?

☐ Norte ☐ Sul ☐ Leste ☐ Oeste

2 Para saber o que cada símbolo e cor representam na planta, devemos olhar:

☐ a escala. ☐ a rosa dos ventos. ☐ a legenda.

Ilustra Cartoon/Arquivo da editora

OS LIMITES DE UM MUNICÍPIO

Todo município é criado por meio de uma lei. Nessa lei, entre outras coisas, são definidos seus limites territoriais. Os limites indicam onde termina um município e começa outro. Os governos municipais têm autoridade para governar apenas dentro dos limites de seu município. Os estados e países também possuem limites territoriais.

Os limites podem ter como referência elementos naturais, como um rio, ou elementos culturais, como uma rua. Mas também podem ser linhas traçadas apenas no mapa, sem referências visíveis na realidade.

Observe no exemplo abaixo que o limite entre os municípios de Juazeiro, no estado da Bahia, e Petrolina, no estado de Pernambuco, segue o curso do rio São Francisco. Neste caso o rio também está no limite dos dois estados.

Juazeiro e Petrolina

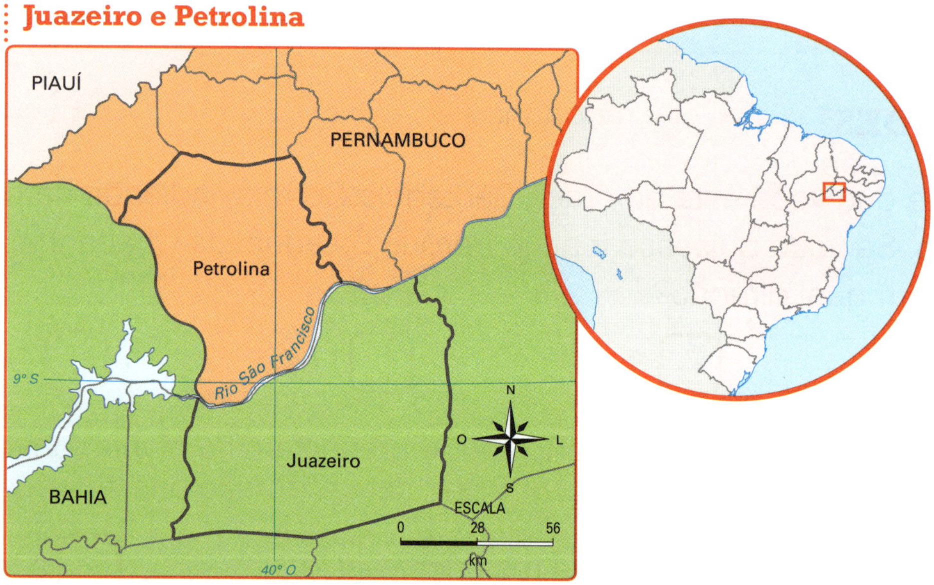

Adaptado de: IBGE Cidades. Disponível em: <cidades.ibge.gov.br>. Acesso em: 25 nov. 2015.

Trecho do rio São Francisco, entre Petrolina e Juazeiro.

Agora observe a imagem abaixo.

João Prudente/Pulsar Imagens

Sinalização de limite entre os municípios de Santo Antônio do Pinhal e Pindamonhangaba, no estado de São Paulo (Brasil), em 2014. Neste caso, não há nenhum elemento natural que dê uma referência do limite entre os municípios.

ATIVIDADES

1 Em sua opinião, qual é a importância do conhecimento dos limites municipais para os governantes?

____

____

____

2 Consulte em um atlas o mapa do Brasil com a divisão dos estados. Observe no mapa onde está o estado em que você mora. Depois preencha o quadro abaixo.

O estado em que moro faz limite			
ao norte com	**ao sul com**	**a leste com**	**a oeste com**

ATIVIDADES DO CAPÍTULO

1. Observe os municípios na ilustração abaixo e depois responda às questões.

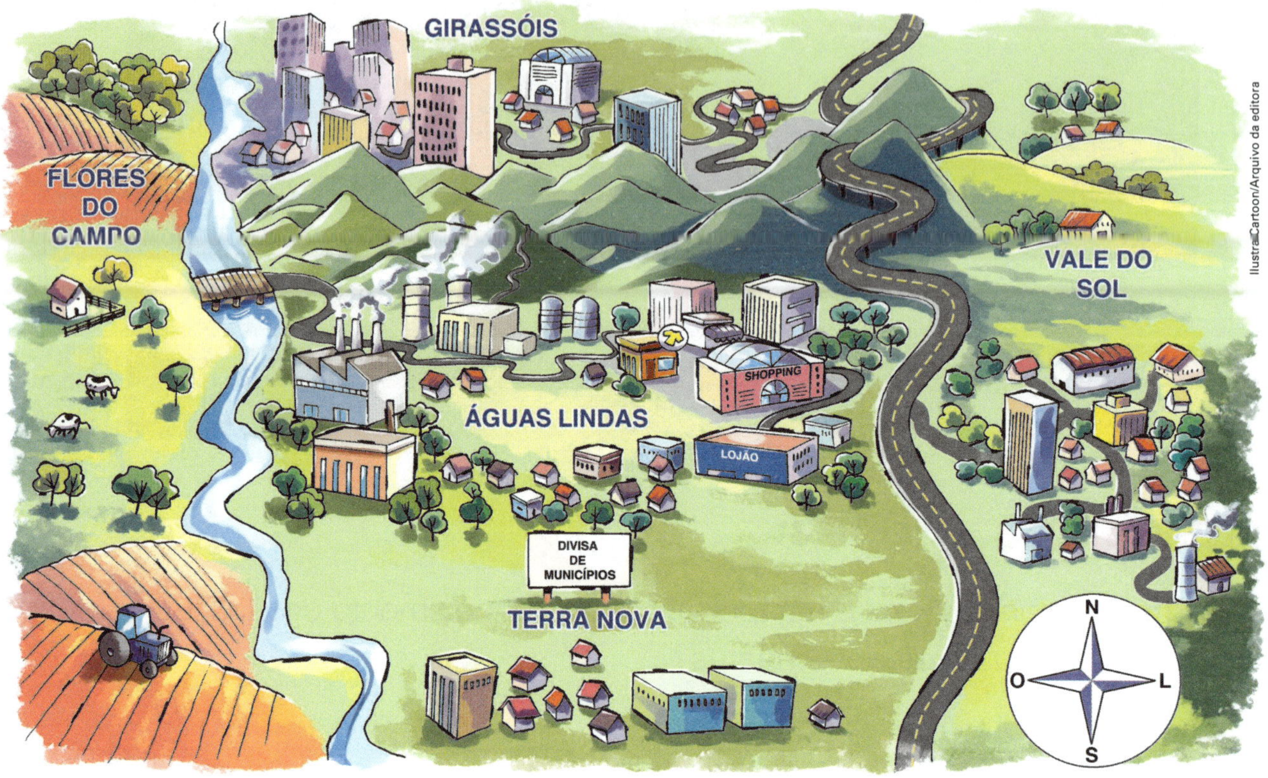

Ilustra Cartoon/Arquivo da editora

a) O que a rosa dos ventos indica na ilustração?

____

____

b) Quais municípios fazem limite com o município de Águas Lindas:

ao norte: _______________________________________

ao sul: ____

a leste: ____

a oeste: ____

2. Roraima é o estado brasileiro que tem o menor número de municípios. Observe-o nos mapas abaixo e depois faça o que se pede.

Roraima

Adaptado de: IBGE. **Atlas geográfico escolar**. 6. ed. Rio de Janeiro, 2012. p. 90.

Adaptado de: IBGE Cidades. Disponível em: <cidades.ibge.gov.br>. Acesso em: 25 nov. 2015.

a) Escolha uma cor e pinte o município de Boa Vista no mapa 2.

b) Agora escolha outra cor e pinte os municípios que fazem limite com Boa Vista.

c) Quantos municípios tem o estado de Roraima?

____

d) Quantos municípios fazem limite com Boa Vista? Quais são eles?

____

____

e) Você percebeu que o mapa 2 está sem título? Crie um título para ele.

ENTENDER O ESPAÇO GEOGRÁFICO

O CAMINHO DO SOL

Observe também o que acontece quando você aproxima ou distancia as mãos ou outros objetos do foco de luz.

Você já brincou com sombras? Sabe como fazer isso? Apague as luzes da sala de aula, deixando-a bem escura. Acenda uma lanterna ou outro foco de luz. Depois, com as mãos à frente da lanterna, faça movimentos que provoquem sombras em uma das paredes, como mostra a figura ao lado.

De modo semelhante às sombras que você fez na parede da sala de aula, a luz do Sol também projeta sombras de prédios e árvores. Observe as sombras feitas pela luz do Sol no pátio da escola e responda às questões.

1. De que lado dos prédios, das árvores ou de outros objetos você viu as sombras?

____

Ilustrações: Giz de Cera/Arquivo da editora

2. De que lado estava o Sol?

____

3. Em que período do dia você fez essa observação?

____

4. Em sua opinião, o que aconteceria com a sombra se você fizesse essa observação em outro período do dia?

____

____

Agora, que tal construir um relógio solar para registrar esse movimento aparente do Sol? Para isso, você vai precisar de:

MATERIAL

- 1 placa de isopor de pelo menos 40 cm × 40 cm
- 1 régua
- 1 caneta
- 1 haste qualquer (pode ser um espeto de churrasco)

1º Para preparar o seu relógio, espete a haste no centro da placa de isopor, de modo que ela fique reta, como na ilustração ao lado.

2º Escolha um local da sua escola que fique ensolarado o dia todo e coloque a placa de isopor em uma superfície plana.

3º Durante todo o dia, a cada hora, trace a sombra que a haste projetará no isopor, utilizando uma régua e uma caneta. Escreva a hora em que cada sombra foi traçada, como na ilustração ao lado.

Ilustrações: Giz de Cera/Arquivo da editora

A sombra que a haste projeta no começo da manhã indica o **oeste** e no final da tarde indica o **leste**. Marque no isopor a direção leste e oeste. Para identificar o norte e o sul, copie a rosa dos ventos ao lado em uma folha de papel, recorte-a e coloque-a no lugar da haste com a letra "L" na direção do leste. Assim, você descobrirá as direções **norte** e **sul**. Marque-as no isopor.

5. Observe seus registros e responda: com base no local onde você fez essas observações, em que direção fica a entrada da escola? E a secretaria?

LER E ENTENDER

Você vai ler uma **entrevista**. Você já fez uma entrevista ou já foi entrevistado?

Essa entrevista foi feita com Nathalie, uma garota de 11 anos. Ela venceu um concurso da Câmara Municipal de São Paulo que propunha aos jovens atuarem como vereadores por um dia.

Nathalie apresentou um projeto de lei na área de Transporte e Trânsito. O que será que ela propôs?

Acompanhe a leitura do professor e descubra as intenções de Nathalie.

Vereadora por um dia

Estadinho: Seu projeto é sobre o melhor uso da bicicleta na cidade? Como teve essa ideia?

Nathalie: A implantação de bagageiros nos transportes públicos facilitaria o dia a dia das pessoas que dependem deles para chegar ao trabalho e à escola. Essa ideia surgiu em 2011 quando estive no Canadá [...]. Depois dessa experiência, decidi utilizá-la no meu projeto, porque achei inteligente um único projeto trazer tantos benefícios para a população. Ele poderá contribuir para a diminuição da poluição, reduzirá a quantidade de carros que circulam pelas ruas, e as pessoas poderão praticar atividade física, o que traz muitos benefícios para a saúde.

Estadinho: Como você imagina que será o futuro do nosso país?

Nathalie: Se conseguirmos conscientizar a sociedade de que os políticos são nossos representantes, acho que vai ser muito melhor. Continuar responsabilizando os políticos pelo que está errado não leva a lugar algum, pois somos nós que escolhemos essas pessoas através do voto.

Entrevista disponível em: <http://blogs.estadao.com.br/estadinho/2012/11/09/vereadora-por-um-dia/>. Acesso em: 26 nov. 2015.

Giz de Cera/Arquivo da editora

ANALISE

1. Após a leitura você descobriu qual o projeto proposto por Nathalie?

2. Em uma entrevista, que nome recebe quem faz as perguntas? E quem as responde? Quem são eles nesse caso?

3. Você percebeu que Nathalie usa algumas informações para defender o projeto de uso da bicicleta? Essas informações recebem o nome de **argumento**.

a) Cite dois desses argumentos.

b) Você concorda com Nathalie? Use argumentos para defender a sua opinião.

RELACIONE

4. Ao propor um projeto de lei, que responsabilidade dos vereadores Nathalie exerceu?

5. Em sua opinião, com quem Nathalie está preocupada ao elaborar esse projeto?

6. Se você fosse vereador por um dia no município em que mora, o que proporia? Converse com os colegas e o professor sobre as suas ideias.

O QUE APRENDI?

Agora é hora de retomar as discussões realizadas nesta Unidade. Vamos lá?

1. A planta da abertura mostra a área urbana de qual município?

____

2. Esse município fica em qual estado brasileiro? Como você descobriu isso?

____

3. Você conseguiria se orientar utilizando a rosa dos ventos que aparece na planta? O que ela tem de diferente?

4. Quais informações você pode obter nessa planta? Para que ela serve?

____

____

5. Complete o esquema utilizando as palavras do quadro.

área rural   município   cidade

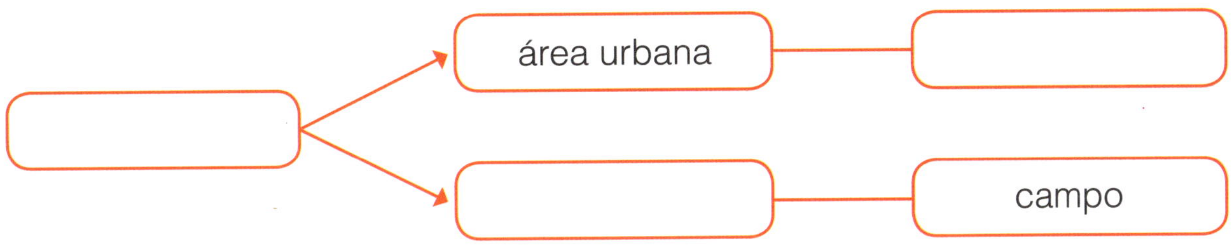

6. Você usaria um mapa ou uma planta para localizar:

a) um estado do Brasil: ____________________

b) a sua escola no bairro: ____________________

c) o caminho para ir da sua casa até a padaria: ____________________

d) os limites do município em que você mora: ____________________

7. Escolha um serviço público do município em que você mora e explique a importância dele para os moradores.

UNIDADE 3

QUEM VIVE NO MUNICÍPIO

- O que você observa nesta imagem?
- O que as pessoas estão fazendo?
- Você acha que nessa cidade moram muitas pessoas?

Ilustra Cartoon/Arquivo da editora

CAPÍTULO 7

A POPULAÇÃO

O QUE É POPULAÇÃO?

População é o conjunto de pessoas que vivem em um determinado lugar. Podemos falar da população de um bairro, de um município, de um estado ou de um país. Observe as fotografias.

habitantes: pessoas que moram em um lugar; moradores.

Serra da Saudade é o município do Brasil com o menor número de habitantes: 818 pessoas.

Marcos Michelin/EM/D.A Press

Na fotografia é possível ver parte do município de Serra da Saudade, no estado de Minas Gerais (Brasil). Fotografia de 2011.

O conjunto de pessoas que vivem no Brasil forma a **população brasileira**. Em 2015 o Brasil possuía aproximadamente 204 milhões de habitantes.

São Paulo é o município do Brasil com o maior número de habitantes: 12 milhões de pessoas.

Delfim Martins/Pulsar Imagens

Na fotografia é possível ver calçadão no município de São Paulo, no estado de São Paulo (Brasil). Fotografia de 2014.

Se compararmos a população dos municípios apresentados acima podemos dizer que o múnicípio de São Paulo é mais **populoso** que Serra da Saudade, porque ele tem maior número de habitantes.

Como é feita a contagem da população?

Marcos Guilherme/Arquivo da editora

O **I**nstituto **B**rasileiro de **G**eografia e **E**statística (**IBGE**) é o órgão brasileiro que realiza o **Censo demográfico**. O Censo é uma pesquisa realizada com os moradores de todos os municípios brasileiros. Ele é realizado a cada dez anos. O mais recente foi o Censo 2010.

No Censo, os pesquisadores do IBGE visitam todas as moradias do país para aplicar um questionário. Depois as informações são organizadas e analisadas. Com ele é possível saber o número de habitantes de cada município, estado e do Brasil, conhecer suas características (número de homens e mulheres e idades, por exemplo) e saber como vivem.

Os resultados do Censo demográfico são importantes para a sociedade ter informações atualizadas sobre a população e para o governo planejar suas ações de forma mais adequada.

Texto elaborado com base em informações do *site* do IBGE. Disponível em: <http://7a12.ibge.gov.br/sobre-o-ibge/o-que-e-censo.html>. Acesso em: 12 dez. 2015.

sociedade: grupo de pessoas que compartilham jeitos de pensar e de viver.

ATIVIDADES

1 Faça, com um colega, uma pesquisa na internet sobre a população do município em que vocês moram. Depois preencham o quadro abaixo.

Nome: ______________________________

Número de habitantes: ______________________________

Número de habitantes na área rural: ______________________________

Número de habitantes na área urbana: ______________________________

Número de homens: ____________ Número de mulheres: ____________

2 Por que é importante conhecer o número de habitantes de um município? Converse com o professor e os colegas.

A POPULAÇÃO URBANA E A RURAL

O conjunto de pessoas que vivem na área urbana é chamado **população urbana** e o conjunto de pessoas que vivem na área rural é a **população rural**.

O número de pessoas que vivem na área urbana e na rural é diferente em cada município brasileiro. Veja os exemplos abaixo.

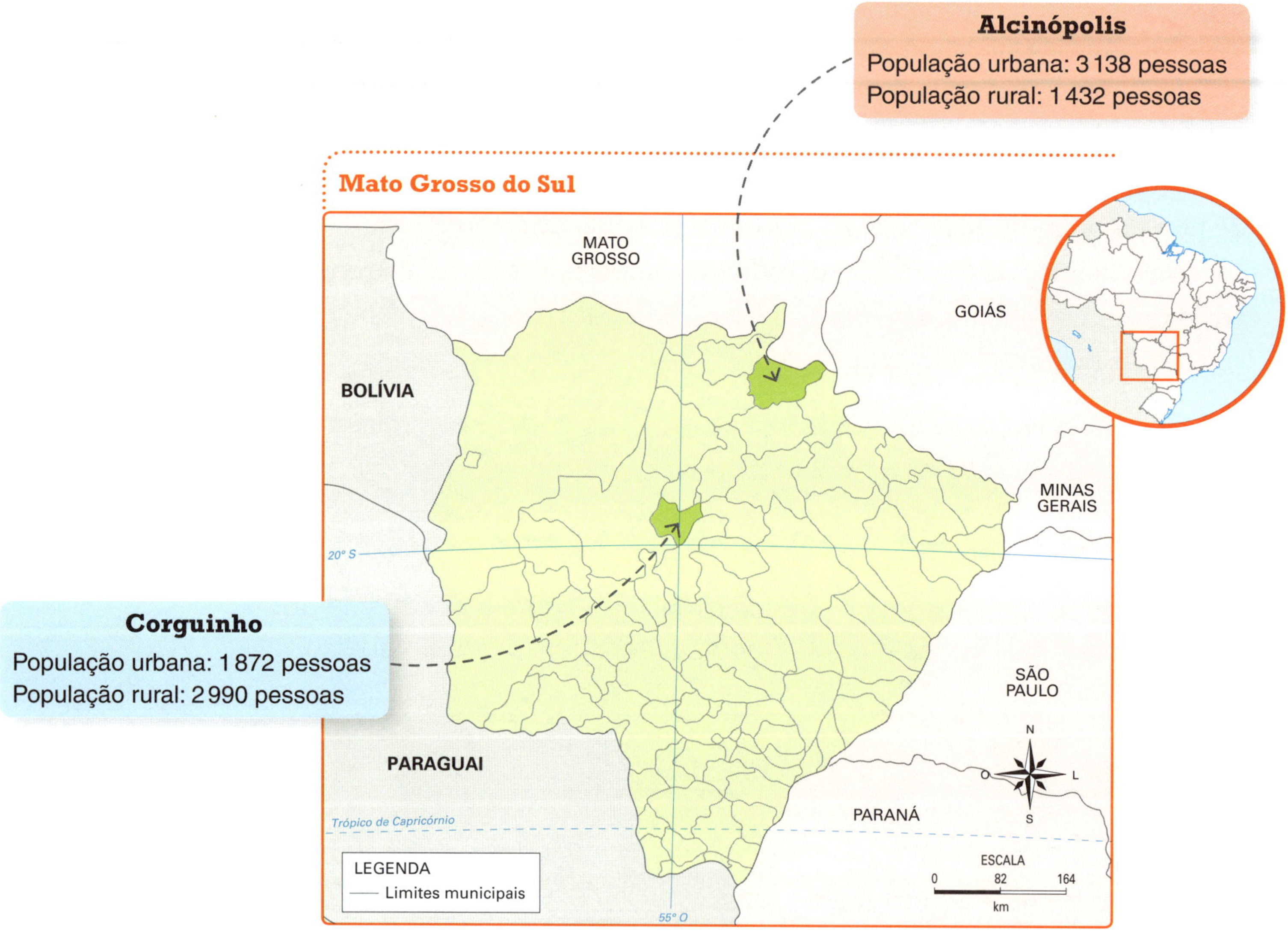

Adaptado de: IBGE Cidades. Disponível em: <www.cidades.ibge.gov.br/xtras/home.php>. Acesso em: 17 dez. 2015.

Na maioria dos municípios brasileiros o número de pessoas que vivem na área urbana é maior do que o número de pessoas que vivem na área rural. Atualmente podemos dizer que a maioria da população do Brasil vive na área urbana.

ATIVIDADES

1 Complete a tabela utilizando as informações da página ao lado. Depois responda às questões.

Municípios	População urbana	População rural
Alcinópolis	3 138	____________
Corguinho	____________	____________

a) Qual dos dois municípios é mais populoso? Por quê?

____

____

b) Qual município possui a maior população urbana?

____

2 Você concorda com a afirmação abaixo? Justifique a sua resposta.

> População urbana é o conjunto de pessoas que vivem na cidade e população rural é o conjunto de pessoas que vivem no campo.

3 Você faz parte da população urbana ou da rural do município em que mora? Justifique sua resposta.

____

____

____

____

ATIVIDADES DO CAPÍTULO

1. Complete as frases:

a) O conjunto de habitantes que moram em um município é chamado de

_____________________.

b) A população de um município é formada pelos habitantes de sua área _________________ mais os habitantes de sua área _________________.

2. Que população está sendo retratada em cada fotografia? Assinale com um **X**.

Rubens Chaves/Pulsar Imagens

Município de Palmeira dos Índios, no estado de Alagoas (Brasil), em 2015.

☐ População urbana.

☐ População rural.

Rogério Reis/Pulsar Imagens

Município de Nova Olinda, no estado do Ceará (Brasil), em 2015.

☐ População urbana.

☐ População rural.

3. Escolha uma das imagens do **Material Complementar** e cole no espaço abaixo. Depois escreva um pequeno texto descrevendo a cena representada. Lembre-se de informar se ela faz parte da área rural ou da urbana.

4. Leia a notícia abaixo e depois responda às questões.

População de Poços de Caldas é de 163 mil pessoas, segundo estimativas do IBGE

A população de Poços de Caldas aumentou em mais de dez mil pessoas após o último Censo, realizado pelo Instituto Brasileiro de Geografia e Estatística (IBGE), em 2010. Segundo estimativa populacional de 2015, a cidade tem 163 677 moradores.

Texto adaptado do *site* Poços Já. Disponível em: <www.pocosja.com.br/2015/12/11/populacao-de-pocos-e-de-163-mil-pessoas-segundo-estimativa-do-ibge>. Acesso em: 13 dez. 2015.

a) Qual é a informação da notícia?

b) Quando foi realizado o último Censo demográfico no Brasil? E quando deverá ser realizado o próximo?

CAPÍTULO 8

A POPULAÇÃO E A MIGRAÇÃO

O QUE É MIGRAÇÃO?

A população de um município é composta das pessoas que nasceram e vivem no município e também das pessoas que vieram de outros municípios ou até de outros países.

Ao longo da história do Brasil, muitas pessoas vieram de outros países e passaram a fazer parte da população brasileira. Veja as ilustrações.

Os **indígenas** já habitavam as terras que hoje conhecemos como Brasil antes da chegada dos portugueses.

Os **africanos** chegaram oficialmente ao Brasil por volta de 1559. Nesse período, a migração foi **forçada**, pois eles eram trazidos para trabalhar como escravos principalmente nos engenhos de cana-de-açúcar e depois na mineração.

Os primeiros **portugueses** que vieram para as terras que hoje correspondem ao Brasil chegaram por volta de 1530, para a colonização. Os **italianos** e os **espanhóis** migraram para o Brasil a partir de 1850 para trabalhar principalmente nas plantações de café. Outros povos da Europa também vieram nesse período.

Os primeiros **japoneses** chegaram ao Brasil em 1908, a bordo de um navio chamado Kasato Maru. Eles vieram para trabalhar principalmente nas plantações de café no estado de São Paulo.

Ilustrações: Ilustra Cartoon/Arquivo da editora

escravos: pessoas sem liberdade, que realizam trabalhos forçados, sem receber pagamento.

mineração: trabalho de extração de minérios, como o ouro, o diamante e o ferro.

Europa: um dos seis continentes da Terra (os outros são: América, África, Ásia, Oceania e Antártida).

Em geral, as pessoas que procuram outro lugar para viver buscam melhores condições de vida, principalmente novas oportunidades de trabalho ou de estudo. Muitos fogem de conflitos em seus países. Esses deslocamentos são chamados de **migração**.

As pessoas também migram da área rural para a área urbana ou da área urbana para a área rural.

No Brasil, e em muitos lugares do mundo, as cidades atraem grande número de pessoas, pois elas geralmente oferecem mais oportunidades de trabalho e de estudo, além de maior número de serviços e comércio. As indústrias também atraem muitas pessoas para a área urbana.

Ilustra Cartoon/Arquivo da editora

ATIVIDADES

1 Você e sua família sempre moraram no mesmo município, estado e país em que moram hoje? Se você respondeu **não**, de onde vocês vieram?

____

____

2 Você conhece pessoas que vieram de outro município, estado ou país? Se você respondeu **sim**, de onde elas vieram?

____

____

MISTURA DE CULTURAS

Pela influência dos indígenas e das diferentes migrações que aconteceram ao longo da história do Brasil, a população brasileira é formada pela mistura de muitas culturas.

Todos esses povos contribuíram com diferentes hábitos, palavras, ritmos musicais, danças, festas e comidas que fazem parte da nossa cultura atualmente. Veja alguns exemplos.

culturas: conjuntos de costumes, crenças religiosas, línguas e hábitos alimentares, por exemplo, que distinguem um grupo de pessoas (sociedade) e que são passados de pais para filhos.

Africa Studio/Shutterstock

Milho

O milho e a mandioca são ingredientes típicos da culinária indígena que hoje fazem parte da nossa alimentação.

Mandioca

Binh Thanh Bui/Shutterstock

Ilustrações: Marcos Guilherme/Arquivo da editora

A capoeira surgiu no Brasil, com os negros africanos escravizados. O berimbau, instrumento utilizado na roda de capoeira, foi trazido pelos africanos que vieram de Angola. A capoeira é praticada em todo o Brasil.

Cesar Diniz/Pulsar Imagens

Roda de capoeira no município Rui Barbosa, no estado da Bahia, em 2014.

A religião católica e a língua portuguesa são algumas das contribuições portuguesas na formação da população brasileira.

Andre Dib/Pulsar Imagens

Igreja católica no município de Ouro Preto, estado de Minas Gerais, em 2015.

Em alguns municípios brasileiros é possível observar na paisagem a influência de outras culturas. Veja as imagens abaixo.

Edu Lyra/Pulsar Imagens

Construções com estilo da arquitetura alemã, no município de Blumenau, estado de Santa Catarina. Fotografia de 2014.

Alexandre Tokitaka/Pulsar Imagens

Rua no bairro da Liberdade, no município de São Paulo, estado de São Paulo. Esse bairro foi um dos lugares onde os japoneses escolheram morar quando chegaram ao Brasil. Ele tem características típicas japonesas, como as luminárias das ruas. Fotografia de 2014.

ATIVIDADES

1 Qual é seu alimento favorito? Você sabe a origem dele? Pesquise em livros ou na internet e depois escreva sobre ele.

____

____

2 No município onde você vive, é possível identificar alguma influência de outras culturas na paisagem? Explique sua resposta dando exemplos.

LEITURA DE IMAGEM

A CAVALHADA

Você já ouviu falar em cavalhada?

Cavalhada é uma festa de origem portuguesa que faz parte da cultura brasileira. Ela representa os antigos torneios de cavalaria e as batalhas entre cristãos e mouros, que disputavam domínios na Europa.

A cavalhada espalhou-se pelo Brasil, principalmente nos estados de Minas Gerais, Bahia, Paraná e Goiás.

Mas como é essa festa?

cristãos: pessoas que seguem as religiões ligadas aos ensinamentos de Jesus Cristo.

mouros: palavra usada pelos cristãos para referir-se aos muçulmanos.

OBSERVE

© Haroldo Castro/Viajologia

Cavalhada no município de Pirenópolis, estado de Goiás, em 2014.

Guilherme Costa/Futura Press

1. O que você observa na imagem?

ANALISE

2. Onde ocorreu a cavalhada retratada na imagem?

____

3. Quais elementos da festa você identifica na imagem?

____

4. O que faz parte da vestimenta dos cavaleiros?

____

____

5. Na cavalhada há uma competição. Como você pode identificar isso apenas observando a imagem?

____

6. Em uma das disputas da festa, o cavaleiro, em disparada, deve pegar uma argola presa em um anel de ferro. Como o cavaleiro deve pegar a argola?

____

RELACIONE

7. No município em que você mora existe alguma festa tradicional?

____

8. Se você respondeu **sim** na atividade anterior, descreva, em seu caderno, com é essa festa. Procure descobrir sua origem.

   Se você respondeu **não**, faça uma pesquisa, em livros e na internet, sobre uma festa tradicional brasileira. Faça suas anotações no caderno e apresente para os colegas.

ATIVIDADES DO CAPÍTULO

1. Complete as frases com palavras encontradas no caça-palavras.

   a) Os ________________ já habitavam as terras que hoje correspondem ao Brasil quando os primeiros migrantes chegaram.

   b) Chamamos de ________________ o deslocamento de pessoas que partem de um lugar para outro em busca de melhores condições de vida.

   c) A população brasileira é formada pela mistura de muitas ________________.

M	I	G	R	A	Ç	A	O	J	I
I	T	A	L	I	A	N	O	S	C
C	A	M	F	D	G	A	T	N	A
M	C	U	L	T	U	R	A	S	P
H	P	O	P	U	L	A	Ç	A	O
P	I	N	D	I	G	E	N	A	S
A	C	E	S	I	N	E	D	F	I
A	B	R	T	C	A	N	A	N	P

2. Os migrantes buscam melhores oportunidades de vida, mas enfrentam muitas dificuldades até conseguirem se estabelecer no novo lugar. Em sua opinião, quais são as maiores dificuldades dos migrantes?

____

____

____

3. Muitas construções em São Luís ainda preservam os azulejos portugueses em sua fachada, herança do período em que esse povo colonizou nosso país. Observe a imagem.

Andre Dib/Pulsar Imagens

Construção no município de São Luís, no estado do Maranhão, em 2015.

a) Qual influência portuguesa na cidade de São Luís está retratada na imagem acima?

____

b) Em sua opinião, é importante preservar as construções antigas? Por quê?

____

____

____

4. Você conhece a origem de seus avós e bisavós? Eles nasceram no Brasil? Entreviste um familiar seu que possa lhe ajudar nessa pesquisa. Faça suas anotações no caderno.

CAPÍTULO

9 O TRABALHO DAS PESSOAS

A IMPORTÂNCIA DO TRABALHO

Em um município, o trabalho de todos é muito importante. A construção das cidades, a produção de alimentos, os serviços como educação e saúde, por exemplo, dependem do trabalho de muitas pessoas.

Geralmente, é por meio do trabalho que as pessoas conseguem o dinheiro para atender às suas necessidades e garantir boas condições de vida para si e para seus familiares. Observe as imagens.

Município de Santa Maria, no estado do Rio Grande de Sul (Brasil), em 2104.

Município de Neves Paulista, no estado de São Paulo (Brasil), em 2014.

Município de Joinville, no estado de Santa Catarina (Brasil), em 2014.

látex: substância leitosa extraída do caule de árvores como a seringueira. O látex é transformado em borracha, que é utilizada na fabricação de muitos produtos.

Leia o texto abaixo e conheça um pouco da vida dos Araweté, indígenas brasileiros que vivem no estado do Pará.

Quem faz o quê entre os Araweté?

Todo homem araweté passa grande parte do tempo fabricando e consertando arcos e flechas.

As mulheres passam muitas horas do dia na produção dos fios de algodão para as redes e as roupas. São elas que fazem a tinta de urucum, utilizada para tingir de vermelho os panos e pintar o rosto. Além disso, é tarefa feminina e das crianças colher as espigas de milho e fazer a farinha. A pesca é também uma atividade normalmente realizada pelas mulheres e crianças.

Marcos Guilherme/Arquivo da editora

Texto adaptado do *site* Povos indígenas no Brasil mirim. Disponível em: <http://pibmirim.socioambiental.org/como-vivem/quem-faz-o-que>. Acesso em: 16 dez. 2015.

ATIVIDADES

1 Escreva duas atividades que os Araweté realizam.

____

____

2 Em sua opinião, os Araweté realizam um trabalho, mesmo não recebendo pagamento por isso?

3 Das atividades retratadas na página ao lado escreva quais são geralmente realizadas:

a) na área rural: ______________________________

b) na área urbana: ____________________________

4 Em sua opinião, qual é a importância dos trabalhos mostrados na página ao lado? Converse com os colegas e o professor.

AS PROFISSÕES

As pessoas trabalham em diferentes profissões. Elas podem aprender o trabalho por meio dos estudos ou da prática. Observe algumas profissões na ilustração abaixo.

Marcos Guilherme/Arquivo da editora

A maioria dos países do mundo, entre eles o Brasil, tem leis que proíbem o trabalho infantil. Mas será que ajudar nas tarefas da casa é permitido? Sobre isso, leia o texto abaixo.

Criança e trabalho

[...] A criança pode ajudar pai e mãe em casa, pode participar de alguns afazeres domésticos, deve aprender a importância do trabalho na vida e, finalmente, pode brincar todo o tempo que quiser, contanto que nada disso retire o tempo do estudo.

Mas nenhum adulto tem o direito de usar em seu benefício [...] qualquer vantagem que se possa ganhar com o trabalho infantil. Sobrecarregar a criança com tarefas do lar é uma das piores formas de explorar o trabalho de crianças, seja esse trabalho pago ou não, seja ele para a própria família ou para outras pessoas.

Texto retirado do *site* Saiba tudo sobre o trabalho infantil. Brasil. Ministério do Trabalho e Emprego. Disponível em: <www.crianca.mppr.mp.br/arquivos/File/publi/ziraldo/cartilha_trabalho_infantil.pdf>. Acesso em: 16 dez. 2015.

Marcos Guilherme/Arquivo da editora

ATIVIDADES

1 De acordo com o texto acima, as crianças podem ajudar pai e mãe nas tarefas da casa? Explique a sua resposta.

____

____

2 Você ajuda a sua família em alguma tarefa da casa? Qual?

____

3 Quais são as profissões apresentadas na ilustração da página ao lado? Em sua opinião, qual é a importância delas? Converse com o professor e os colegas.

ATIVIDADES DO CAPÍTULO

1. Observe as obras de arte a seguir e identifique em qual delas as pessoas estão trabalhando na área rural e em qual as pessoas estão trabalhando na área urbana. Qual é o trabalho delas?

O vendendor de frutas, óleo sobre tela, de Mara D. Toledo, 2008 (50 cm × 70 cm).

Colheita de café, acrílico sobre tela, de Wilma Ramos, 2004 (40 cm × 50 cm).

2. Observe a fotografia e depois responda às perguntas.

Gerson Gerloff/Pulsar Imagens

Área rural do município de Restinga Seca, no estado do Rio Grande do Sul (Brasil), em 2013.

a) O que a criança da fotografia está fazendo?

____

b) Em sua opinião, o que ela está deixando de fazer por causa do trabalho?

____

c) Por que é importante garantir que as crianças não trabalhem?

3. Geralmente, as crianças gostam de brincar de trabalhar. Você gosta de brincar de trabalhar? Quais profissões você escolhe ao brincar de trabalhar?

____

____

4. Leia o texto abaixo e depois converse com os colegas e o professor.

> Existe profissão de homem e profissão de mulher? Tem gente que acha que certas profissões são para homens e outras para mulheres. Mais curioso é que no Brasil muitas mulheres ganham menos do que os homens, executando o mesmo trabalho. O que você acha disso?

ENTENDER O ESPAÇO GEOGRÁFICO

UTILIZANDO TABELAS E GRÁFICOS

Em sua turma da escola há mais meninos ou meninas? Como descobrir isso? O quadro a seguir vai ajudá-lo nessa tarefa.

Pinte no quadro abaixo um quadradinho para cada aluno.

Meninos																				
Meninas																				

E agora, ficou mais fácil saber a resposta? Quantos meninos e quantas meninas há na sua turma?

Você pode organizar essa informação em uma **tabela**. Veja abaixo.

Número de alunos	
Meninos	Meninas

Agora vamos representar os dados em um **gráfico** de colunas. Complete o gráfico ao lado pintando os quadradinhos de acordo com o número de meninos e de meninas.

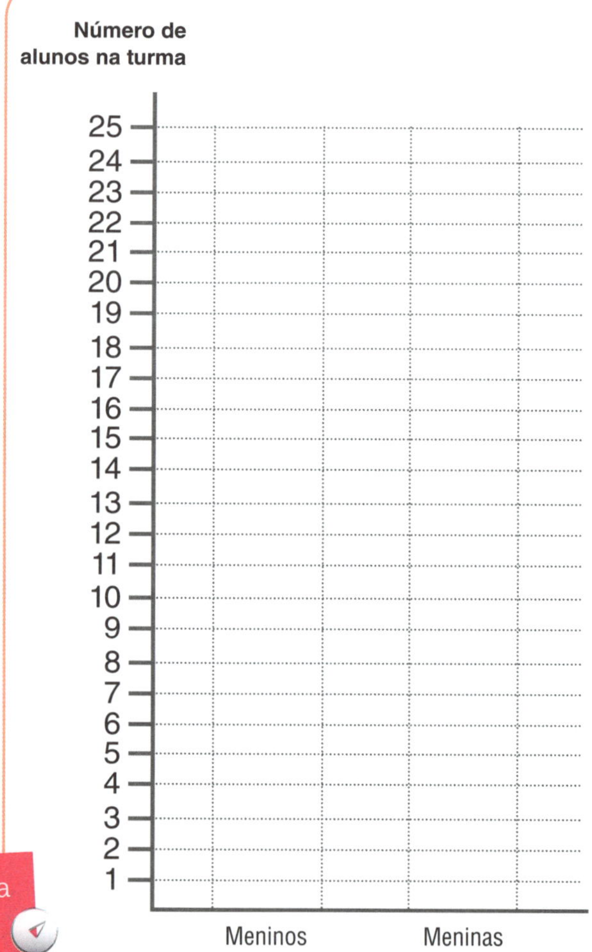

A altura de cada coluna representa a quantidade de meninos e a quantidade de meninas na turma.

Podemos utilizar os gráficos de colunas para representar muitas informações. Você se lembra dos municípios de Alcinópolis e Corguinho, da página 76? Você pode representar a população de cada um deles em um gráfico. Reveja a tabela com os dados da população rural e da urbana desses municípios.

Municípios	População urbana	População rural
Alcinópolis	3 138	1 432
Corguinho	1 872	2 990

Agora, seguindo o modelo de Alcinópolis, represente os valores da população urbana e da rural de Corguinho no gráfico abaixo.

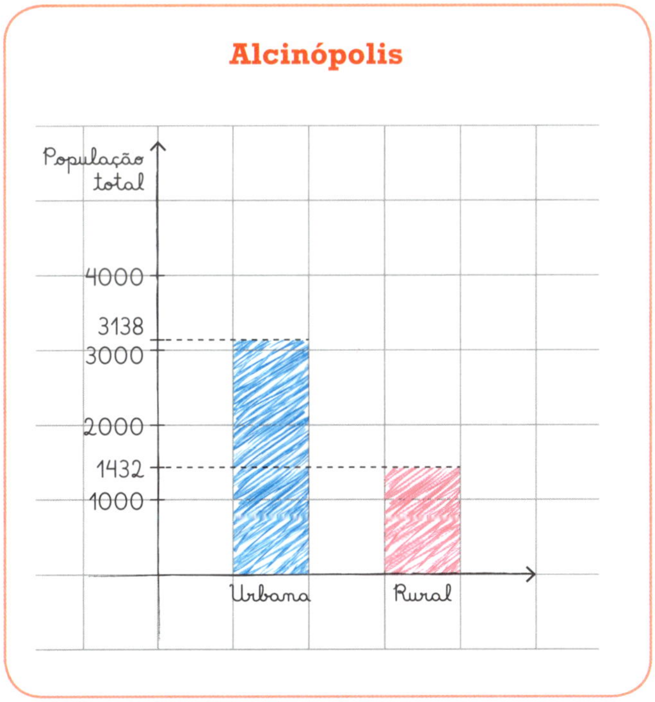

1. Você acha que os gráficos permitem uma rápida leitura das informações?

2. Quais outras informações você pode representar em um gráfico de colunas? Converse com o professor e os colegas.

LER E ENTENDER

Você já preparou alguma comida utilizando uma **receita**?

Que tal aprender a preparar um quindim? Você já comeu esse alimento? Apenas observando a fotografia você imagina como ele é feito e de quais ingredientes precisará para prepará-lo?

Vamos lá! Peça a ajuda de um adulto!

Beto Chagas/Shutterstock

Quindim

Ingredientes

- 12 ovos
- 2 xícaras de açúcar
- 1 colher (sopa) de manteiga
- 100 gramas de coco ralado
- 1/2 xícara de leite de coco
- 12 forminhas refratárias
- manteiga e açúcar para untar

Como fazer

1. Separe as gemas das claras de 9 ovos.
2. Passe as gemas numa peneira e misture-as com o açúcar, 3 ovos inteiros e a manteiga. Depois, misture tudo com o leite de coco e o coco ralado e espere 1 hora.
3. Unte as forminhas com manteiga, polvilhe com açúcar e despeje a mistura até a metade.
4. Leve ao micro-ondas por 2 minutos.
5. Deixe esfriar, tire das forminhas e leve para a geladeira.

Marcos Guilherme/Arquivo da editora

Receita adaptada de: <www.recreio.com.br/faca-voce-mesmo/faca-estas-receitas-deliciosas-de-quindim-pe-de-moca-maria-mole-e-canjica>. Acesso em: 15 mar. 2013.

ANALISE

1. O quindim é feito como você imaginou?

2. Em quantas partes a receita está organizada? Para que serve cada uma delas?

3. O que indicam os números que aparecem ao lado dos ingredientes?

4. Por que a parte "Como fazer" é numerada?

5. O quindim é doce ou salgado? Como você descobriu isso?

RELACIONE

6. O quindim que você aprendeu a fazer é de origem africana, e a receita original, que leva amêndoas em vez de coco, é de origem portuguesa. Sabendo disso, o que esse doce revela sobre a influência de outras culturas na nossa?

7. Por que a cultura de outros povos, como os africanos e os portugueses, influenciou nossa cultura?

O QUE APRENDI?

Agora é hora de retomar as discussões realizadas nesta Unidade. Vamos lá?

Ilustra Cartoon/Arquivo da editora

1. Circule na ilustração as pessoas que estão realizando algum trabalho.

2. A cena retrata a cidade ou o campo?

____

3. Em sua opinião, existe algum trabalho retratado na imagem que seja exclusivamente da cidade? Qual?

____

____

____

4. Observe a fotografia abaixo.

Zanone Fraissat/Folhapress

Horta na cidade de São Paulo, no estado de São Paulo (Brasil), em 2015.

a) Você percebe algo de diferente na imagem? Converse com o professor e os colegas.

b) Em sua opinião, só é possível cultivar a terra na área rural?

c) Você diria que as pessoas que cuidam dessa horta são trabalhadores da área rural? Explique sua resposta.

5. No caderno, elabore um texto utilizando as palavras abaixo.

população

italianos

japoneses

indígenas

portugueses

migração

UNIDADE 4

ATIVIDADES ECONÔMICAS

Feira livre, pintura de Mara Toledo, feita em 2007. Acrílico sobre tela, 60 cm × 80 cm.

- O que você observa nesta pintura?
- O que mais chama a sua atenção?
- O que as pessoas estão fazendo?

Reprodução/Galeria Jacques Ardies

CAPÍTULO

10 A AGRICULTURA, A PECUÁRIA E O EXTRATIVISMO

DE ONDE VÊM OS ALIMENTOS

Você sabe de onde vem a maioria dos alimentos que consumimos diariamente? Eles são produzidos a partir da agricultura, da pecuária ou do extrativismo. Essas são algumas das **atividades econômicas** que os seres humanos realizam por meio do trabalho. Observe a imagem a seguir e conheça a origem de alguns alimentos.

Colheita de alface, no município de Londrina, no estado do Paraná (Brasil) em 2015.

Colheita de trigo, no município de Nova Fátima, no estado do Paraná (Brasil), em 2015.

João Prudente/Pulsar Imagens

Criação de bois e vacas no município de São João Batista da Glória, no estado de Minas Gerais (Brasil), em 2015.

Sidney Oliveira/Ag. Pará

Colheita de açaí, em Ilha Jussara, no estado do Pará (Brasil), em 2015.

Ilustra Cartoon/Arquivo da editora

ATIVIDADES

1 Você conhecia alguma das atividades apresentadas nas imagens?

____

2 Essas atividades acontecem no campo ou na cidade?

____

3 Quais outros alimentos que você consome têm origem nas atividades apresentadas nas imagens? Converse com os colegas e o professor.

cultivar: preparar a terra, para dar condições ao desenvolvimento de plantas.

matérias-primas: materiais utilizados na fabricação de um produto; a soja é a matéria-prima utilizada na produção do óleo de soja, por exemplo.

propriedades: terrenos delimitados que pertencem a alguém.

A AGRICULTURA

Agricultura é a atividade econômica de cultivar a terra para produzir alimentos e matérias-primas úteis aos seres humanos. Ela é uma atividade econômica realizada geralmente na área rural dos municípios.

Existem dois tipos de agricultura: **de subsistência** e **comercial**.

A agricultura de subsistência é praticada pelo próprio agricultor e seus familiares, em pequenas propriedades. A produção vai para o consumo da família. Quando a produção é maior que o necessário para o consumo, o excedente é vendido nos mercados e feiras locais. Nesse tipo de atividade não são usadas máquinas modernas.

Cesar Diniz/Pulsar Imagens

Agricultores trabalhando a terra com arado puxado por animais no município de Virgínia, no estado de Minas Gerais (Brasil), em 2013. O uso do arado manual ou puxado por animais é comum na agricultura de subsistência.

A **agricultura comercial** tem como objetivo a produção de grande quantidade de alimentos e matérias-primas. Esses alimentos são comercializados no país em que são produzidos e também em outros países. Para isso, a agricultura comercial é realizada em médias e grandes propriedades e geralmente são utilizadas máquinas modernas. O trabalho é realizado por trabalhadores que recebem um salário.

salário: dinheiro que as pessoas recebem em troca do trabalho que realizam.

Quando é cultivado apenas um produto na propriedade, a produção chama-se **monocultura**. Quando se cultivam mais produtos, é chamada **policultura**.

Thomaz Vita Neto/Pulsar Imagens

Colheita mecanizada de algodão no município de Chapadão do Sul, no estado de Mato Grosso do Sul (Brasil), em 2014.

ATIVIDADES

1 Complete o quadro.

	Agricultura de subsistência	Agricultura comercial
O trabalho é feito por quem?		
Para onde vai a produção?		

2 A agricultura de subsistência é uma monocultura ou policultura? Por quê?

Ilustra Cartoon/Arquivo da editora

A AGRICULTURA E A NATUREZA

A agricultura é uma atividade econômica que depende de certas condições naturais. Veja nos exemplos abaixo a influência do **clima**.

> Algumas plantas se desenvolvem melhor em climas quentes, outras em climas mais frios. Outras ainda se adaptam bem a áreas onde chove pouco ao longo do ano.

A laranja é uma fruta que se desenvolve bem em climas quentes.

Ernesto Reghran/Pulsar Imagens

Plantação de laranja no município de Santa Cruz do Rio Pardo, no estado de São Paulo (Brasil), em 2015.

A agricultura também depende das condições do **tempo**. Se chover mais que o comum, ou se não chover em determinada área, por exemplo, toda a plantação pode ser perdida.

A palma é uma planta que se adapta bem a áreas onde chove pouco. Ela serve de alimento para as pessoas e os animais.

Gerson Sobreira/Terrastock

Plantação de palma no município de Ituaçu, no estado da Bahia (Brasil), em 2014.

O trigo é um cereal que se desenvolve bem em climas frios.

Gerson Gerloff/Pulsar Imagens

Plantação de trigo no município de Manoel Viana, no estado do Rio Grande do Sul (Brasil), em 2014.

O solo, o relevo e a presença de água também influenciam a agricultura. As áreas mais planas, por exemplo, são melhores para a agricultura, principalmente quando são utilizadas máquinas agrícolas.

Ao longo da História, os seres humanos desenvolveram diversas técnicas para depender menos das condições naturais e aumentar a produção agrícola. Uma dessas técnicas é a irrigação artificial. Com ela, é possível manter a produtividade, mesmo em época de pouca chuva.

Ricardo Teles/Pulsar Imagens

Irrigação de plantação de soja no município de Rio Verde, no estado de Goiás (Brasil), em 2015.

técnicas: conjuntos de conhecimentos e instrumentos necessários para realizar algo.

fertilizantes: substâncias que melhoram a qualidade do solo.

O ser humano também desenvolveu algumas substâncias, como os agrotóxicos e os fertilizantes, usadas para combater as pragas que atacam as plantações e para melhorar a produtividade. Mas essas substâncias têm causado grandes prejuízos ao meio ambiente. Elas são levadas pelas chuvas até os rios, provocando a contaminaçao da água e dos animais, por exemplo.

ATIVIDADES

1 Como o clima influencia a agricultura?

2 O que o ser humano tem feito para depender cada vez menos das condições naturais?

____

____

A PECUÁRIA

confinados: presos.

veterinário: médico que trata das doenças dos animais.

A pecuária é a atividade econômica de criação de animais. Dela obtemos alimentos, como carne, leite e ovos, e também matérias-primas, como o couro e a lã.

De maneira geral, a criação de animais pode ser de duas formas: **extensiva** ou **intensiva**.

Na pecuária extensiva, os animais são criados soltos em grandes propriedades, alimentam-se do pasto e nem sempre recebem muitos cuidados. Na pecuária intensiva, os animais são confinados, alimentados com ração e recebem muitos cuidados, como assistência do veterinário.

Cesar Diniz/Pulsar Imagens

Criação intensiva de aves no município de Cunha Porã, no estado de Santa Catarina (Brasil), em 2015.

Criação extensiva de bois e vacas no município de Taquarana, no estado de Alagoas (Brasil), em 2015.

Rubens Chaves/ Pulsar Imagens

Chamamos de **gado** a criação de bovinos (bois e vacas), equinos (cavalos e éguas), suínos (porcos e porcas), ovinos (carneiros e ovelhas), caprinos (bodes e cabras), bufalinos (búfalos e búfalas) e asininos (jegues e mulas).

ATIVIDADES

1 A pecuária é uma atividade urbana ou rural? Por quê?

____

____

2 No município onde você mora é praticada a pecuária? Qual?

____

3 Circule de vermelho os produtos que são obtidos da pecuária e de azul os que são obtidos da agricultura.

4 Sabendo que a bovinocultura é a criação de bovinos, faça uma pesquisa e descubra quais animais são criados na:

piscicultura	ranicultura	apicultura	cunicultura

- Faça suas anotações no caderno.

Ilustrações: Giz de Cera/ Arquivo da editora

LEITURA DE IMAGEM

PARA PRODUZIR É PRECISO DESTRUIR?

Algumas atividades econômicas, como a agricultura e a pecuária, vêm causando muitos problemas ao meio ambiente. Isso por causa de algumas práticas inadequadas, como a **queimada**. Extensas áreas de floresta têm sido queimadas no Brasil para a formação de pasto, principalmente para a criação extensiva de gado bovino.

OBSERVE

Mario Tama/AFP

Queimada em área de floresta no município de Zé Doca, no estado do Maranhão (Brasil), em 2014.

Delfim Martins/Pulsar Imagens

Área de antiga floresta, depois de queimada no município de Belterra, no estado do Pará (Brasil), em 2014.

1. O que você observa nas fotografias? Converse com o professor e os colegas.

2. Que cores predominam na fotografia 1? E na fotografia 2?

___

___

ANALISE

3. Que sensação você tem ao observar a fotografia 1? E a fotografia 2?

___

___

4. Que tipo de modificação o ser humano fez nessas paisagens?

___

___

5. Além do fogo, o que você pode também observar na fotografia 1?

___

RELACIONE

6. Em sua opinião, o que aconteceu com os animais que viviam nas florestas que foram queimadas?

7. Em sua opinião, como fica a qualidade do ar onde há muita queimada?

8. Em dupla, e com a orientação do professor, pesquisem que consequências a fumaça das queimadas pode trazer para a saúde das pessoas. Façam um cartaz com as informações e apresentem para a classe.

O EXTRATIVISMO

O extrativismo é a atividade econômica de coleta de recursos naturais para consumo ou comercialização. Esses recursos podem ser animais, vegetais ou minerais. Essa atividade humana é mais antiga que a agricultura.

Extrativismo animal: atividade de caça e pesca.

Ilustrações: Giz de Cera/Arquivo da editora

Paulo Santos/Reuters/Latinstock

A extração de caranguejo é exemplo de extrativismo animal. O caranguejo é usado como alimento. Na fotografia, homem pegando caranguejo no município de Bragança, no estado do Pará (Brasil), em 2011.

Extrativismo vegetal: atividade de coleta de vegetais ou substâncias produzidas pelos vegetais. Por exemplo: madeira, óleos, frutas e folhas.

Cesar Diniz/Pulsar Imagens

Palmeira de babaçu, com os frutos.

Cesar Diniz/Pulsar Imagens

Os frutos do babaçu são utilizados como alimento, e as folhas, como material na fabricação de cestos e telhados, como mostra a fotografia de casa no município de São Bento, no estado do Maranhão (Brasil), em 2014.

Extrativismo mineral: atividade de extração de minerais como ferro, ouro, petróleo e sal, por exemplo. Muitos desses minerais são encontrados em rochas e utilizados como matéria-prima na fabricação de diversos produtos, como lata, plástico, peças para carros e materiais utilizados na construção de moradias.

Giz de Cera/Arquivo da editora

Marcelo Prates/Jornal Hoje em Dia/Folhapress

Extração de minério de ferro no município de Mariana, no estado de Minas Gerais (Brasil), em 2013.

ATIVIDADES

1 O extrativismo é uma atividade urbana ou rural? Por quê?

____

____

____

2 Que outros produtos do extrativismo você conhece além dos já apresentados? Converse com os colegas e o professor.

3 Dos produtos que você listou, quais têm origem animal, mineral ou vegetal?

ATIVIDADES DO CAPÍTULO

1. Leia o texto e responda à questão.

> Parte da produção de milho no Brasil é destinada para a alimentação do gado criado em confinamento.

- O texto trata da agricultura ou da pecuária?

____

____

2. A imagem abaixo mostra uma técnica de plantio chamada **terraceamento**, desenvolvida pelo ser humano para diminuir a força da água da chuva.

naihei/Shutterstock

Plantação em terraços no Vietnã, em 2015.

- A qual condição natural o ser humano procurou se adaptar ao desenvolver essa técnica?

☐ Relevo plano.

☐ Clima em que predominam as baixas temperaturas.

☐ Relevo muito inclinado.

3. A qual tipo de gado esses animais pertencem? Escreva.

Ilustra Cartoon/Arquivo da editora

4. Desenhe abaixo três alimentos que você come com frequência. Depois indique se eles são produzidos a partir da agricultura, da pecuária ou do extrativismo.

CAPÍTULO

11 A INDÚSTRIA

O QUE É INDÚSTRIA?

Você já percebeu que alguns dos alimentos que consumimos não estão *in natura*? Isso significa que eles foram transformados. Você sabe algum exemplo?

in natura: em estado natural.

A indústria é a atividade econômica responsável por transformar um alimento ou matéria-prima em outro produto. A maioria das indústrias está localizada na área urbana. Mas existem algumas localizadas na área rural, como as usinas de cana-de-açúcar, que são exemplos de **agroindústria**. Observe a ilustração a seguir.

Ilustra Cartoon/Arquivo da editora

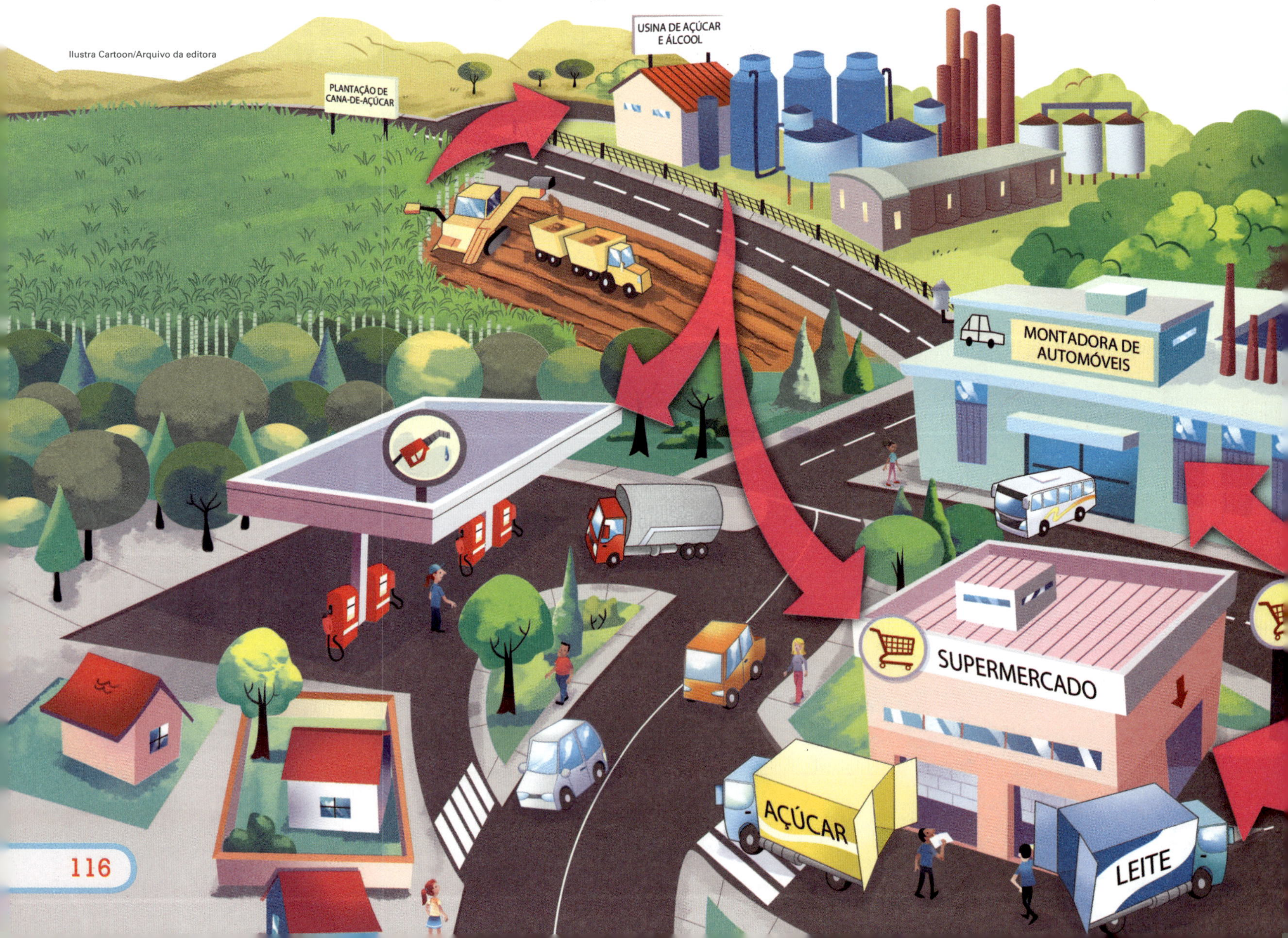

ATIVIDADES

1 Com base nas cenas da ilustração, responda:

a) Qual matéria-prima foi utilizada na fabricação do álcool e do açúcar?

____

b) Qual matéria-prima foi utilizada na fabricação dos carros?

____

c) Qual produto é proveniente:

- da agricultura? _______________
- da pecuária? _______________
- do extrativismo? _______________

2 O que a indústria faz com as matérias-primas?

____

____

O TRABALHO NA INDÚSTRIA

artesão: pessoa que faz artesanato.

fábricas: locais onde são produzidos, por meio de máquinas, muitos produtos que consumimos.

Antes do surgimento da indústria, todos os produtos eram feitos manualmente, com a ajuda de alguns instrumentos bem simples. Esse tipo de trabalho existe até hoje e é chamado de **artesanal**. Na maioria das vezes, o artesão realiza todas as etapas da produção, ou seja, a mesma pessoa faz o produto do início ao fim.

Com o passar do tempo e a invenção das máquinas, o artesanato foi sendo substituído pela produção industrial. O trabalhador passou a participar apenas de uma etapa da produção e não mais de todo o processo. O trabalho passou a ser desenvolvido nas fábricas.

O avanço tecnológico aumentou a velocidade da produção e a quantidade de produtos fabricados.

João Prudente/Pulsar Imagens

Artesão esculpindo imagem de santo em madeira no município de Valinhos, no estado de São Paulo (Brasil), em 2015.

João Prudente/Pulsar Imagens

Linha de produção de indústria de confecção de roupas de bebês, no município de Amparo, no estado de São Paulo (Brasil), em 2015.

Problemas ambientais

A atividade industrial tem provocado vários danos ao meio ambiente, entre eles a poluição de rios, do ar e do solo. A gravidade do dano depende do tipo de indústria, da matéria-prima que utiliza e do destino que é dado aos resíduos produzidos.

resíduos: materiais que sobram da produção; lixo.

João Prudente/Pulsar Imagens

Indústria de papel e celulose no município de Telêmaco Borba, no estado do Paraná (Brasil), em 2014.

Gerson Gerloff/Pulsar Imagens

Resíduos industriais sendo jogados em ribeirão no município de Santa Maria, no estado do Rio Grande do Sul (Brasil), em 2014.

ATIVIDADES

1 Qual é a diferença entre o trabalho do artesão e o do operário?

____

____

____

2 Quais são os tipos de poluição retratados nas imagens acima?

____

____

ATIVIDADES DO CAPÍTULO

1. Com a ajuda do professor, utilize os adesivos do **Material Complementar** para indicar a matéria-prima utilizada na fabricação dos produtos abaixo.

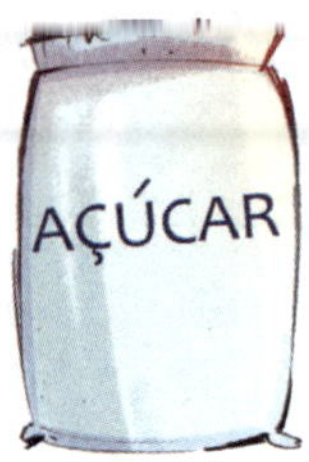

Ilustrações: Giz de Cera/ Arquivo da editora

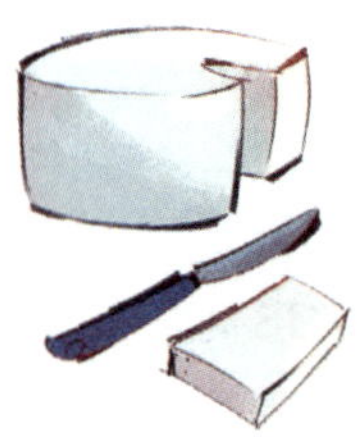

2. De qual atividade econômica se originam as matérias-primas da questão anterior?

Cana-de-açúcar: ____________________ Algodão: ____________________

Madeira: ____________________ Leite: ____________________

Tomate: ____________________ Diamante: ____________________

3. Observe as figuras e marque com um **X** os alimentos *in natura*.

Ilustrações: Ilustra Cartoon/ Arquivo da editora

☐ alface ☐ margarina ☐ banana

4. Algumas indústrias utilizam robôs na produção. Observe a fotografia abaixo e responda às questões.

Paulo Whitaker/Reuters/Latinstock

Robôs trabalhando em indústria de automóveis no município de São Bernardo do Campo, no estado de São Paulo (Brasil), em 2012.

a) O que você observou na fotografia?

____

b) Por que não existem pessoas trabalhando nesse setor dessa indústria?

CAPÍTULO

12 O COMÉRCIO E OS SERVIÇOS DE TRANSPORTE E DE COMUNICAÇÃO

O COMÉRCIO

mercadorias: o que se vende e o que se compra no comércio.

O comércio é uma atividade que está relacionada à compra e à venda de mercadorias. Ele é importante para a distribuição do que é produzido na cidade e no campo. Supermercados, farmácias e padarias são exemplos de comércio. Observe nas imagens outros exemplos dessa atividade.

Ale Ruaro/Pulsar Imagens

Shopping center no município de Porto Alegre, no estado do Rio Grande do Sul (Brasil), em 2014. Nesse tipo de estabelecimento são comercializados vários tipos de produtos industrializados, como roupas, sapatos, cosméticos e eletrônicos.

Aleksandar Todorovic/Shutterstock

Comércio ambulante no município do Rio de Janeiro, estado do Rio de Janeiro (Brasil), em 2015. Os vendedores ambulantes procuram locais com grande circulação de pessoas para vender suas mercadorias.

Luis Salvatore/Pulsar Imagens

As feiras livres são um tipo de comércio onde podemos encontrar produtos da agricultura. Feira no município de Bragança, no estado do Pará, em 2013.

Um novo tipo de atividade: o comércio eletrônico

Cada vez mais cresce o número de consumidores que utilizam o comércio eletrônico no dia a dia. O comércio eletrônico é a compra e a venda de mercadorias ou serviços por meio da internet. A comodidade de não ter de ir até um estabelecimento comercial e receber as mercadorias em casa é o maior atrativo. Mas fique sabendo que esse tipo de comércio precisa de alguns cuidados e deve ser feito com a orientação de um adulto.

Giz de Cera/Arquivo da editora

ATIVIDADES

1 Quais são os tipos de comércio existentes no bairro onde você mora? Que tipos de produto eles comercializam?

____

____

____

2 Qual é a diferença entre o comércio eletrônico e os demais tipos de comércio?

____

____

3 Em sua opinião, quais são as vantagens do comércio eletrônico? E as desvantagens?

OS MEIOS DE TRANSPORTE E DE COMUNICAÇÃO

Os serviços de **transporte** e de **comunicação** são importantes para o desenvolvimento das atividades do campo e da cidade. Diferentemente da atividade do comércio, os serviços não envolvem a compra e a venda de mercadorias, e sim a prestação de um serviço.

Como as matérias-primas e os produtos industrializados são transportados? Como as pessoas se locomovem? E como elas se comunicam?

Observe na ilustração a seguir alguns meios de transporte e de comunicação.

ATIVIDADES

1 Quais são os meios de transporte representados na ilustração?

____

____

____

2 Há meios de comunicação ou referências a eles na ilustração? Quais?

____

____

Ilustra Cartoon/Arquivo da editora

ATIVIDADES DO CAPÍTULO

1. Os meios de transporte podem ser de três tipos: terrestres, aéreos ou aquáticos.

   Cole os adesivos do **Material Complementar** abaixo, no quadro correspondente, de acordo com o tipo de transporte.

Transporte terrestre

Transporte aéreo

Transporte aquático

2. Leia o texto abaixo. Depois converse com os colegas e o professor.

> A bicicleta é um meio de transporte alternativo bastante comum nas pequenas cidades e cada vez mais utilizado nas grandes cidades. O seu uso diminui os custos dos deslocamentos diários, faz bem à saúde e ao meio ambiente.

- Você concorda que o uso da bicicleta diminui os custos dos deslocamentos, faz bem à saúde e ao meio ambiente? Por quê?

3. Quais meios de transporte você utiliza no seu dia a dia?

____

4. Quais meios de comunicação você utiliza no seu dia a dia:

a) para se comunicar com um amigo?

____

b) para ter notícias dos acontecimentos?

____

- Converse com uma pessoa mais velha e descubra que meios de comunicação ela utilizava quando tinha a sua idade. Converse com os colegas e o professor sobre suas descobertas.

5. Nesta atividade você e seus colegas, com a orientação do professor, conversarão sobre a internet e o uso que fazem dela. A ideia é que cada um conte um pouco da experiência que tem com o uso desse meio de comunicação. Veja a seguir algumas sugestões de perguntas que podem fazer parte dessa conversa.

- Você utiliza a internet? Quanto tempo por dia, aproximadamente?
- O que você costuma acessar com mais frequência?
- Você faz parte de alguma rede social? Qual? Para que você a utiliza?

ENTENDER O ESPAÇO GEOGRÁFICO

APRENDENDO SOBRE MAPAS

Neste volume, na Unidade 2, você aprendeu um pouco sobre a leitura dos mapas. Nesta seção você vai aprender muito mais!

As informações nos mapas podem aparecer por meio de três elementos: **pontos**, **linhas** e **áreas**. Esses elementos podem ter diferentes formas, tamanhos e cores.

Vamos conhecer esses elementos em um mapa político do Brasil.

mapa político: mapa que representa os limites de municípios, estados ou países.

Brasil: político

Adaptado de: IBGE. **Atlas geográfico escolar**. 6. ed. Rio de Janeiro, 2012. p. 90.

As áreas representam as extensões dos estados.

Os pontos representam as capitais dos estados brasileiros e do país.

As linhas representam os limites dos estados, do Brasil e de parte dos limites da América do Sul.

capitais: cidades onde fica a sede do governo; pode ser a capital do estado ou do país.

1. Em sua opinião, por que foram utilizadas diferentes cores nas áreas do mapa ao lado? E nas linhas?

____

____

____

2. Você observou que o quadradinho de Brasília é maior que os outros? Em sua opinião, por que ele foi representado assim?

____

____

3. Quantos estados tem o Brasil?

____

4. Localize no mapa o estado em que você mora. Qual é a capital dele?

____

5. Quais estados fazem limite com o estado em que você mora?

____

6. Com o professor, consulte um atlas geográfico e observe como os três elementos (pontos, linhas e áreas) aparecem em outros mapas.

atlas geográfico: publicação composta de um conjunto de mapas geralmente organizados por temas e por escalas.

Matthew Cole/Shutterstock

LER E ENTENDER

Você já reparou que nas embalagens dos produtos que você consome existe um **rótulo** e que nele existem várias informações importantes sobre o produto? Veja o rótulo abaixo e observe a quantidade de informações que ele traz.

- Liste abaixo as palavras que você não conhece. Depois pesquise em um dicionário o significado delas.

ANALISE

1. O rótulo apresentado na página ao lado é de qual produto?

____

2. Assinale abaixo quais informações sobre o produto você obtém lendo o rótulo.

- [ ] Ingredientes
- [ ] Valor nutricional
- [ ] Validade
- [ ] Fabricante
- [ ] Endereço do fabricante
- [ ] Peso

3. Por que há no rótulo a foto em destaque de um cacho de bananas?

____

____

RELACIONE

4. Dos ingredientes apresentados no rótulo, quais são utilizados *in natura*?

____

5. A banana *in natura* é um dos ingredientes do bolo?

____

____

6. Esse produto é industrializado? Por quê?

____

____

7. Se você consome produtos industrializados, costuma ler o rótulo deles para saber do que são feitos? Você acha isso importante?

O QUE APRENDI?

Agora é hora de retomar as discussões realizadas nesta Unidade. Vamos lá!

1. Que atividade econômica aparece na imagem?

____

2. Você identifica algum produto da agricultura, da pecuária ou do extrativismo na pintura? Qual?

____

____

3. Liste três produtos industrializados que aparecem na pintura.

____

____

____

4. Existe algum objeto em sua casa que tenha sido feito de forma artesanal? Qual? Você consegue identificar quais materiais foram utilizados?

____

____

5. Escolha um produto industrializado e descubra:

a) qual a principal matéria-prima utilizada na fabricação dele.

____

b) de qual atividade econômica veio essa matéria-prima (pecuária, agricultura ou extrativismo).

____

6. Os meios de transporte são importantes para a indústria e para o comércio? Por quê?

____

____

____

7. Para terminar, converse com os colegas e o professor sobre as respostas da turma. Vocês deverão avaliar o que aprenderam, esclarecer as dúvidas que ficaram e verificar o que cada um precisa melhorar.

- O que você gostou de aprender? Por quê?
- O que você achou mais difícil estudar? Por quê?
- O que você achou menos interessante? Por quê?

Ilustra Cartoon/Arquivo da editora

PARA SABER MAIS

LIVROS

Reprodução/Ed. Moderna

Do campo à mesa: o caminho dos alimentos, de Teddy Chu. São Paulo: Moderna, 2012.

A viagem dos alimentos começa no campo, com a agricultura e a colheita, a criação e o cuidado com os animais, e termina com a distribuição e a venda desses produtos. Com este livro você vai entender como é que os alimentos chegam à nossa mesa.

Reprodução/Mundo Mirim

Imitando as formigas, de Rosicler Grudzien. São Paulo: Mundo Mirim, 2013.

Este livro incentiva uma reflexão sobre as diferentes profissões ao analisar a organização do trabalho das formigas. Afinal, o trabalho de cada pessoa é muito importante para toda a comunidade, assim como é importante a função que cada formiga tem dentro do formigueiro.

Reprodução/Ciranda Cultural

Mapas e mapeamento, de Deborah Chancellor. São Paulo: Ciranda Cultural, 2011.

Um livro muito interessante para você que deseja saber um pouco mais a respeito da produção de mapas. Você vai conhecer o trabalho dos cartógrafos e das cartógrafas, profissionais que elaboram mapas. Vai observar diferentes mapas e até aprender a confeccionar um mapa do tesouro.

Reprodução/FTD

O menino que entregava leite, de Regina Rennó. São Paulo: FTD, 2015.

Todos os dias, o menino Damião ajuda seu pai a entregar leite no município em que vivem. Tudo se transforma quando Damião ganha um livro e, com ele, descobre um novo mundo, de histórias e de conhecimentos. O pai, sensibilizado, passa a vender mais leite para conseguir mais livros para o filho.

Reprodução/Cosac Naify

Os rios morrem de sede, de Wander Piroli. São Paulo: Cosac Naify, 2015.

Um menino e seu pai estão muito animados: é dia de ir à pescaria. No trajeto de trem para o passeio, o pai percebe, porém, que as paisagens já não são as mesmas do tempo de sua infância. O rio também não é mais o mesmo, pois, agora, ele sofre com a poluição. Um livro sensível sobre a importância da preservação das águas.

Reprodução/Formato

O tempo é feito de muitos tempos, de Murilo Silva Cisalpino. São Paulo: Formato, 2009.

Um menino e seu avô passeiam pelo município em que vivem, conversando sobre as paisagens, os habitantes e o passado. Nessa aventura, você perceberá de que forma os seres humanos modificam o espaço e como vão sendo influenciados por ele.

Reprodução/Positivo

Paisagem: retrato de um lugar, de Cosell Lenzi e Fanny Espírito Santo. Curitiba: Positivo, [s.d.].

Nesta obra, você é convidado a pensar nas paisagens, em seus elementos e em como o ser humano pode deixar as marcas dele nos mais diferentes lugares.

Reprodução/Ciranda Cultural

Quando eu crescer: artesanatos e brincadeiras para você explorar as profissões, de Georgina Segarra. São Paulo: Ciranda Cultural, 2013.

Um livro repleto de brincadeiras e sugestões de atividades artesanais para que você possa pensar no mundo das profissões e no que vai ser quando crescer.

Reprodução/Ed. Moderna

Que roupa legal!, de Ruth Walton. São Paulo: Moderna, 2012.

Conheça um pouco mais sobre o trabalho na indústria com base no exemplo da confecção de roupas. Você vai descobrir de onde vêm os materiais para fabricar tecidos e vai entender como as mais diferentes peças de roupa são produzidas.

SITES

Reprodução/<www.universidadedascriancas.org>

Universidade das Crianças

<www.universidadedascriancas.org>. Acesso em: 2 fev. 2016.

Este *site* apresenta respostas a diversas perguntas sobre meio ambiente feitas por crianças de diferentes locais do Brasil. As respostas estão em forma de texto, de áudio ou de animação. Para encontrá-las, basta clicar em "Perguntas", na aba superior. Na parte "Animações" há diversas animações muito legais, em especial a "De onde vem a água do rio".

ClimaKids

<www.climakids.com.br>. Acesso em: 2 fev. 2016.

Site sobre previsão do tempo dedicado a crianças. Para descobrir a previsão do tempo em seu município, basta digitar o nome da localidade no campo indicado na página principal. É possível encontrar, também, histórias em quadrinhos sobre fenômenos climáticos e sugestões de experiências divertidas.

Reprodução/<www.climakids.com.br>

Reprodução/<www.recontando.com>

Recontando

<www.recontando.com/v2/principal>. Acesso em: 26 jan. 2016.

Neste *site*, notícias da atualidade são "recontadas" utilizando uma linguagem bem acessível a crianças. Na aba "Editorias", você encontra vídeos e textos com notícias organizadas por assunto (meio ambiente, política, cultura e arte, ciência e tecnologia, entre outros).

BIBLIOGRAFIA

ALMEIDA, R. D. de (Org.). *Novos rumos da cartografia escolar:* currículo, linguagem e tecnologia. São Paulo: Contexto, 2011.

BRASIL, Ministério da Educação. *Estatuto da Criança e do Adolescente.* 9. ed. Lei Federal n. 8069, de 13 de julho de 1990. Brasília: Imprensa Oficial, 2012.

_____. Ministério da Educação. Secretaria de Educação Básica. *Diretrizes Curriculares Nacionais da Educação Básica.* Brasília, 2013.

_____. Ministério da Educação. Secretaria de Educação Básica. Fundo Nacional de Desenvolvimento da Educação. *Ensino Fundamental de nove anos:* orientações para a inclusão da criança de seis anos de idade. Brasília, 2007.

_____. Ministério da Educação. Secretaria de Educação Básica. Fundo Nacional de Desenvolvimento da Educação. *Pró-letramento:* programa de formação continuada de professores das séries iniciais do Ensino Fundamental. Brasília, 2006.

_____. Ministério da Educação. Secretaria de Educação Fundamental. *Parâmetros Curriculares Nacionais:* História e Geografia. Brasília, 1997.

_____. Ministério da Educação. Secretaria de Educação Fundamental. *Parâmetros Curriculares Nacionais:* temas transversais – apresentação – Ética, Pluralidade Cultural, Orientação Sexual. Brasília, 1997.

_____. Ministério da Educação. Secretaria de Educação Fundamental. *Referencial Curricular Nacional para a Educação Infantil.* Brasília, 1998.

BUSCH, A.; VILELA, C. *Um mundo de crianças.* São Paulo: Panda Books, 2007.

CALLAI, Helena Copetti. Aprendendo a ler o mundo: A Geografia nos anos iniciais do Ensino Fundamental. *Cad. Cedes*, Campinas, v. 25, n. 66, p. 227-247, maio/ago. 2005. Disponível em: <www.cedes.unicamp.br>.

CASTELLAR, S. M. V. (Org.). *Educação geográfica:* teorias e práticas docentes. São Paulo: Contexto, 2012.

_____; MORAES, J. V. *Ensino de Geografia.* São Paulo: Thompson, 2010.

CASTROGIOVANNI, A. C. et al. *Geografia em sala de aula:* práticas e reflexões. Porto Alegre: UFRGS/Associação dos Geógrafos Brasileiros, 2010.

_____. *Ensino da Geografia:* práticas e textualizações no cotidiano. Porto Alegre: Mediação, 2014.

CAVALCANTI, L. S. *Geografia, escola e construção de conhecimentos.* Campinas: Papirus, 2011.

FALLEIROS, I.; GUIMARÃES, M. N. *Os diferentes tempos e espaços do homem:* atividades de Geografia e de História para o Ensino Fundamental. São Paulo: Cortez, 2005.

IBGE. *Atlas geográfico escolar.* 6. ed. Rio de Janeiro, 2012.

KINDERSLEY, B.; KINDERSLEY, A. *Crianças como você:* uma emocionante celebração da infância no mundo. 8. ed. São Paulo: Ática, 2009.

LOPES, J. J. M. *Geografia da infância:* contribuições aos estudos das crianças e suas infâncias. *Revista de Educação Pública (UFMT)*, v. 22, p. 283-294, 2013.

MARTINELLI, M. *Mapas da Geografia e Cartografia temática.* São Paulo: Contexto, 2010.

PONTUSCHKA, N. N.; PAGANELLI, T. I.; CACETE, N. H. *Para ensinar e aprender Geografia.* São Paulo: Cortez, 2007.

SIMIELLI, M. E. R. O mapa como meio de comunicação e alfabetização cartográfica. In: ALMEIDA, Rosângela Doin de (Org.). *Cartografia escolar.* São Paulo: Contexto, 2010. v. 2. p. 71-94.

_____. *Primeiros mapas:* como entender e construir. São Paulo: Ática, 2010. 4 v.

SMITH, P.; SHALEV, Z. *Escolas como a sua:* um passeio pelas escolas ao redor do mundo. São Paulo: Ática, 2008.

STRAFORINI, R. *Ensinar Geografia:* o desafio da totalidade-mundo nas séries iniciais. São Paulo: Annablume, 2008.

UNESCO. *Educação:* um tesouro a descobrir. São Paulo: Cortez; Brasília: Unesco, 1998.

VYGOTSKY, L. S. *Pensamento e linguagem.* São Paulo: Martins Fontes, 2003.

Adesivos para a atividade 1 da página 120 do livro

Adesivos para a atividade 1 da página 126 do livro

CONHECENDO O MUNICÍPIO

INSTRUÇÕES DO JOGO

Você já aprendeu muitas coisas sobre a organização do município. Agora, que tal jogar com seus colegas e verificar seus conhecimentos?

O objetivo deste jogo é deslocar-se por trajetos temáticos e colocar suas bandeiras no maior número possível de chegadas. Para isso, monte o tabuleiro. Em seguida, escolha o pino, o dado e as bandeiras de uma cor e monte-os.

REGRAS DO JOGO

- Número de participantes: até 4 jogadores.
- Todos os jogadores lançam seus dados. Quem tirar o maior valor será o primeiro a jogar e poderá pegar uma **Carta Destino**, que permanece com ele até o final do jogo. Nessa carta há informações importantes para que o jogador possa adivinhar o seu destino.
- Após descobrir o trajeto a ser seguido para chegar a seu destino, o jogador lançará o dado novamente para saber quantas casas deve avançar.
- A rodada é encerrada e todos jogam os dados novamente para recomeçar. Cada jogador só poderá se deslocar por um trajeto de cada vez.
- Se o jogador que tirar o maior valor ainda tiver um trajeto incompleto, ou seja, se ele não chegou a seu destino, não poderá tirar uma nova carta. Ele apenas avança o número de casas do dado.
- Ganha aquele que "fincar" suas quatro bandeiras primeiro ou aquele que "fincar" mais bandeiras quando todas as chegadas já tiverem sido ocupadas. Bom divertimento!

Ilustrações: Ilustra Cartoon/Arquivo da editora

cole A

cole C

cole B

cole E

cole A

POLÍCIA
POLÍCIA

cole B

cole D

cole C

cole E

cole D

cole G

cole F

Destaque e monte as bandeiras.

DESTAQUE AS PEÇAS COM CUIDADO. PEÇA A AJUDA DO PROFESSOR.

Destaque e monte os peões.

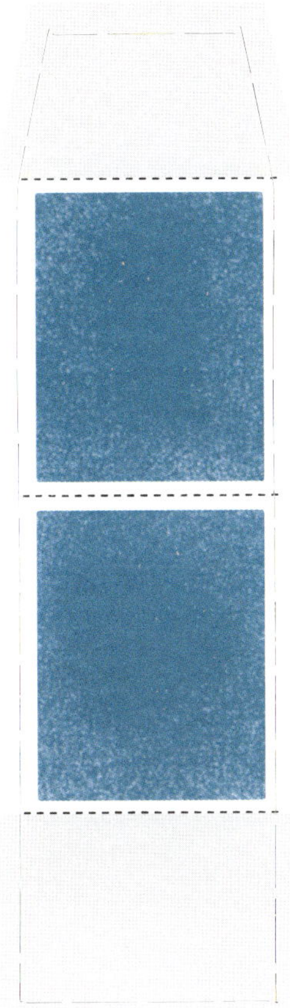

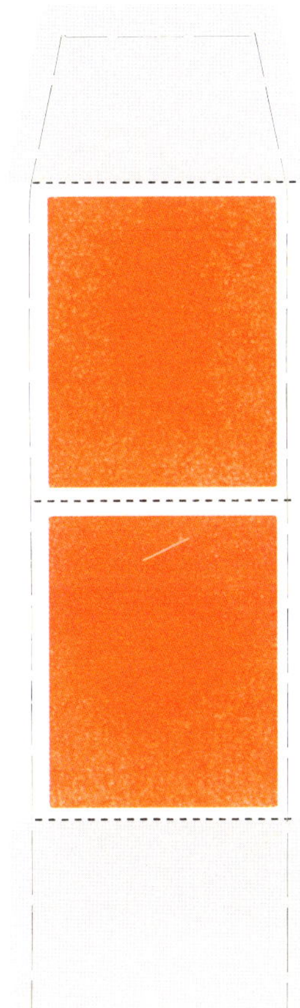

dobre

cole

DESTAQUE AS PEÇAS COM CUIDADO. PEÇA A AJUDA DO PROFESSOR.

Destaque e monte os dados.

--------------- dobre

cole

DESTAQUE AS PEÇAS COM CUIDADO. PEÇA A AJUDA DO PROFESSOR.

Cartas Destino

ELEMENTOS DAS PAISAGENS

Ao observarmos uma paisagem, podemos identificar vários elementos. Alguns são criados pela natureza, outros pelos seres humanos. Você se lembra de alguns exemplos de elementos criados pela natureza?

O GOVERNO MUNICIPAL

Governar um município não é uma tarefa fácil. Muitas pessoas trabalham para que todos que moram no município tenham seus direitos assegurados. Cada um tem uma função. Você sabe quem administra o município? E quem faz as leis?

SERVIÇOS PÚBLICOS

O ruído dos veículos é velho conhecido de quem vive nas cidades. Muitos deles indicam a presença de alguns dos serviços que são essenciais para nós... Você sabe quais?

DIVERSIDADE DA POPULAÇÃO

A população de nosso país é realmente muito diversa! Basta observar as pessoas nas ruas para reconhecermos suas múltiplas origens e características, não é?

O TRABALHO DE CADA UM

Tudo que utilizamos em nosso dia a dia está relacionado ao trabalho de muitas pessoas. De onde vem o leite que bebemos? Ou a camisa que vestimos? Quantas pessoas estão envolvidas em todas essas atividades?

TRANSPORTE DE MERCADORIAS

Para chegar até nós, alguns produtos viajam longas distâncias! Outros são produzidos mais próximos de nós. Mas de qualquer forma eles precisam ser transportados de onde são produzidos para onde são consumidos.

Adesivos para a atividade 3 da página 79 do livro